# 孩子，你可以成为
# 更好的<sub>的</sub>自己

孩子，你可以成为

**更好**的

**自己**

刘永刚 / 著

朝華出版社
BLOSSOM PRESS

**图书在版编目（CIP）数据**

孩子，你可以成为更好的自己 ／ 刘永刚著. --北京：
朝华出版社，2019.5
ISBN 978-7-5054-4466-9

Ⅰ.①孩… Ⅱ.①刘… Ⅲ. ①成功心理－青少年读物
Ⅳ. ①B848.4-49

中国版本图书馆 CIP 数据核字（2019）第046802号


**孩子，你可以成为更好的自己**

著　　者　刘永刚

选题策划　盛世卓杰　　赵　曼
责任编辑　吕　哲
责任印制　张文东　　陆竞赢
封面设计　杨泽江

出版发行　朝华出版社
社　　址　北京市西城区百万庄大街 24 号　　　邮政编码　　100037
订购电话　（010）68413840　　68996050
传　　真　（010）88415258（发行部）
联系版权　j-yn@163.com
网　　址　http://zhcb.cipg.org.cn
印　　刷　环球东方（北京）印务有限公司
经　　销　全国新华书店
开　　本　710mm×1000mm　1/16　　　　　　字　　数　180千字
印　　张　15
版　　次　2019 年 5 月第 1 版　 2019 年 5 月第 1 次印刷
装　　别　平
书　　号　ISBN 978-7-5054-4466-9
定　　价　35.80 元

# 让蒙尘的珍珠重新绽放光彩

作为一个从事教育工作五十三载的老教师，我时常自问：什么是教育？教育的本质是什么？在这里，我想说"教育"二字包含着"教书"和"育人"两个方面，而"育人"更重要。我们的老校长蔡元培先生曾说，"教育是帮助被教育的人，给他能发展自己的能力，完成他的人格，于人类文化上能尽一分子的责任；不是把被教育的人，造成一种特别器具"。但目前的状况是从学校到家庭，大家更注重"教书"，学习成绩是衡量一个人的能力的主要标尺。孩子从幼儿园开始就在学习认字、背诵唐诗，学习各种知识贯穿在孩子整个的学龄阶段。我并不是说学习知识不对，但我们的教育忽视了"育人"。我希望今天的中国父母，在让孩子学习各种知识的同时，更应该关注孩子的人格培养。有些父母对孩子期望甚高，一味地要求孩子学习成绩名列前茅，而忽视了孩子心灵的成长，忽视了扣好人生第一粒扣子，让孩子有一个正确的世界观和人生观比学到知识更重要。

前一阵"基因编辑婴儿"事件引发轩然大波。贺建奎是美国斯坦福大学博士后，他一路走来，都是读的各大名校，拥有多学科交叉的背景，可以说他是不折不扣的让人羡慕的"别人家的孩子"，但是他的基因编辑行为是有违科学精神和伦理道德的。

前几年复旦大学上海医学院硕士研究生林森浩因为和同宿舍的同学

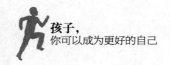
发生了一点儿矛盾，居然投毒，毒杀舍友。这种随意践踏生命的行为突破了基本的道德底线。

孩子们到底需要具备什么样的能力来面对他们将来的生活？是考上名校就有美好未来吗？是学富五车就能造福社会吗？我想看了上面两个例子，大家心中就有答案了。

孩子在成长中会碰到很多困惑，但他们在教材里是找不到答案的。他们在迷茫中行走，经常被撞得鼻青脸肿、头破血流。他们困惑、痛苦，找不到方向。我们应该如何给孩子指明人生的方向呢？

一个偶然的机会，我认识了刘永刚老师，我们对教育的理解有很多共同之处。他在家庭教育、青少年成长、素质训练诸多方面攻有专长，深有研究，很有见地。在他的心里每个孩子都是一颗珍珠，有的珍珠只是蒙上了灰尘，他希望用自己的力量掸去灰尘，让每个孩子在他的训练营找到自信，找到人生的方向，能够把人生的路走得更顺畅。我十分钦佩他一直在践行自己的这一理念。今闻他将自己的教育理念写成书——《孩子，你可以成为更好的自己》，我欣然为书作序。我认真拜读了刘永刚老师的这本书，此书语言通俗，事例鲜活，生动活泼。书中刘永刚老师从孩子的视角透视生命的本质，告诉孩子应该如何认识自己，如何把握自己的人生，让孩子对梦想、目标的重要性有深入的了解，告诉孩子如何建立自信，如何与人合作，如何面对挫折，不但提出问题让孩子思考，循循善诱，同时也给出了答案，可见他的真诚和良苦用心。读完这本书，孩子们会获得前进的动力，会描绘自己人生的蓝图，并学会克服前进中的障碍。相信这本书会是孩子们的精神食粮，给孩子们的人生带来诸多裨益。

或许，本书会让孩子们叩问自己的内心，但同时它也为孩子们解惑释疑，从而让孩子们对自己有一个更深刻的认识，对自己的未来有一个更清晰的规划。如若孩子始终懵懂，而我们不去做必要的引导，孩子将会在迷茫中摸索更长时间。

本书并非写给家长，它是写给那些想冲出人生迷茫，并且愿意拥抱全新未来的孩子。

如果你愿意，请翻开这本书，怀以热忱拥抱未来。

北京大学教授、北京大学原教务处副处长、
北京大学深圳研究生院教务处原处长

2019年3月于北京大学燕东园

# 自序

## 真正的教育是因材施教

　　我相信每个孩子都是一块璞玉，只要精心雕琢，都可以绽放异彩。每一个教育工作者都会经常思考如何教育孩子，这个问题很难有一个非常标准的答案。很多教育专家都会办讲座，也会有一些成功的家长现身说法，但是为什么似乎都没有解决大家的问题呢？因为每个孩子都不一样，没有一种方法放之四海而皆准，别人的方法不一定适用于自己的孩子。那么是不是就没有必要讲教育的问题了呢？当然不是，有些规律上的问题还是有普遍性的，只是这些规律性的东西到每个孩子身上要活学活用，不能生搬硬套。

　　在这里我不得不提一下国立西南联合大学（简称"西南联大"）。它诞生在烽火连天的抗战岁月，被称为"最穷的大学"，但同时也被誉为"中国教育史上的珠穆朗玛峰"。

　　8年时间，西南联大虽然只毕业了3882名学生，但至今已走出了2位诺贝尔奖获得者、5位国家最高科学技术奖获得者、8位两弹一星功勋奖章获得者、174位两院院士及100多位人文大师。

　　抗战期间，西南联大从军学生前后一共达到1100多人，镌刻在"国立

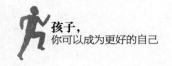
西南联合大学纪念碑"背面的即达834人，其中不乏主动投笔从戎的热血青年，西南联大常务委员会委员、清华大学校长梅贻琦之子梅祖彦就是其中之一。

在衣食不周、日寇轰炸的恶劣条件下，师生冒着生命危险上课。学校如何能取得如此成绩呢？众说纷纭，我仅仅表达一下我的观点，借此分享我对教育的思考。

首先，崇高的理想，远大的志向。西南联大所处的时代，正是强敌入侵、民族危亡之时，因此激起青年强烈的爱国热情。他们学习决不仅仅是为了考大学，混个文凭，他们希望用所学知识报效祖国。正是这一理想，让他们在学习时心无旁骛，无止境地追求知识，造就了高等教育的巅峰。对自由和民主的追求，对民族解放的向往，是鼓舞大家奋发努力的最大动力。

教育的目的到底是什么？这是值得深思的问题。家长一直希望孩子考第一，考上好大学，但上大学后又怎样呢？没有结果了。很多家长和我说，希望孩子有一个挣钱多的安稳的工作就行了，但我接触的孩子对家长安排的安稳的工作一点儿不感兴趣，他们觉得太没挑战性。如果家长仅仅希望孩子有一个安稳的工作，那么真的没有必要从小让孩子处处拔尖儿；如果孩子处处拔尖儿，他还能满足于一个安稳的工作吗？这是我们教育中出现的一个矛盾点——最终目的和起点没有必然联系。

其次，独立之精神，自由之思想。西南联大的校训为"刚毅坚卓"，这一校训体现着特定的时代精神。西南联大培养的人才必须具备健全的人格和高尚的情操。

学生不但有着报国热情，同时也有着学术自由的氛围。在选择科目时，大家充分发挥自己的特长，把自己的优势发挥到了极致。他们都是各自领域的"冠军"。

家长对孩子的要求更全面，哪门课都不能落后。人的精力是有限的，同时擅长的科目也不一样，如果在不擅长的科目上过度用力，那么就有可能影响擅长的科目。在不擅长的科目上不断受挫，会打击孩子的自信，让他感到无助，那这个孩子能成材吗？

时代虽然不同，但教育的本质没有改变。我们在培养孩子时，应该看得更远一点儿，考大学不是孩子人生的终点，而是人生的起点。如何让孩子赢得更好的人生，需要家长和孩子共同规划。只有看得远，才能走得远，帮助孩子树立远大的理想，培养良好的习惯，建立自信，善于学习，充分发挥长处，做一个对社会有用的人，这应该是我们和孩子共同的目标。

在编写这本书时，一方面，我希望给孩子提供一些切实可行的方法；另一方面我特意加入了"问自己"这个板块，我想通过"问自己"中的问题，让孩子学会反思，只有多思考才能更好地成长。真诚希望本书对成长中的你有帮助。

刘永刚

2018年盛夏于北京大学

# 目录
## *Contents*

Chapter *01*

## 我是谁：
## 认识独一无二的自己

1. 你就是拼图中那独一无二、不可或缺的一小块儿 / 003

2. 积极的心态引领你走向成功 / 007

3. 挖掘优势，每个人生来就被赋予了无限的潜能 / 010

4. 直面缺点，伟人也不完美 / 013

Chapter *02*

## 我要成为谁：
## 榜样的力量是无穷的

1. 榜样的力量是无穷的 / 021

2. 人生要有规划，不然就会成为你不想成为的人 / 023

3. 偶像也是普通人，不是高不可攀的神 / 028

4. 选择什么样的人生 / 030

5. 你也可以成为大家的榜样 / 033

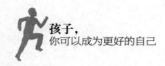

*Chapter* **03**

为了谁：
让一切因你而更美好

1. 让爱你的人和你爱的人生活得更幸福 / 039

2. 你是家族的未来 / 041

3. 为尊严而战 / 043

4. 你愿意成为一个可有可无的人吗？ / 047

*Chapter* **04**

梦想，
能够穿透前方的黑暗

1. 梦想是丹柯那颗燃烧的心 / 053

2. 你的梦想是要考一所好大学吗？ / 056

3. 实现梦想，需要设计 / 060

4. 你的梦想是以别人的标准制定的吗？ / 064

5. 谁偷走了你的梦想？ / 066

*Chapter* **05**

信念，
遇到任何困难决不轻言放弃

1. 信念支撑你一直前行 / 073

2. 有必胜信念的人才能成为胜利者 / 078

3. 只要有信念，就可以忍受苦难 / 082

4. 坚持信念，不为眼前的得失而动摇 / 086

*Chapter* **06**

# 目标，
# 是你人生之箭所指向的靶子

1. 目标是引领人生的灯塔 / 091

2. 有了长远的目标，才不会因为暂时的挫折而沮丧 / 095

3. 如何分解目标？ / 099

4. 能否实现目标取决于你的愿望是否强烈 / 103

5. 时刻保持目标在正确轨道上 / 105

*Chapter* **07**

# 自信，
# 助你走向成功

1. 自信能创造奇迹 / 115

2. 自信能够让你忽略自身的弱点 / 119

3. 自卑心理是否一直困扰你？ / 121

4. 人的信心来自外在世界的肯定和内在世界的认可 / 133

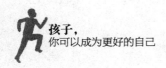

*Chapter* **08**

## 见识，
## 决定你人生的高度

1. 随着见识的增长，才知道自己要什么样的人生 / 139

2. 经历繁华，才能沉淀人生 / 142

3. 视野不同了，认知就不同了 / 145

4. 先读万卷书，再行万里路 / 147

*Chapter* **09**

## 合作，
## 惺惺相惜、共同奋斗的美好感觉

1. 感受合作的力量 / 153

2. 发挥各自长处，让"1+1>2" / 158

3. 学会站在对方的角度想问题 / 161

4. 化冲突为合作 / 165

*Chapter* **10**

## 挫折，
## 人生的财富

1. 所有的苦难都是化了装的祝福 / 173

2. 年轻人要敢于犯错误 / 176

3. 挫折既可以磨炼人，也可以毁灭人 / 179

4. 正视挫折会让你变得越来越成功 / 184

*Chapter* **11**

## 学习，
## 你的主要任务

1. 为什么要学习？ / 191

2. 如何处理游戏和学习的关系 / 194

3. 用优势学科带动弱势学科 / 198

4. 不输在起跑线上对马拉松来讲重要吗？ / 201

5. 世界上不存在差生 / 204

*Chapter* **12**

## 如何处理
## 你与周围的关系

1. 父母，为什么爱我却总和我作对 / 211

2. 老师，生命中不可或缺的指路人 / 213

3. 同学，面对校园欺凌说"NO" / 215

4. 与自己和解就是与世界和解 / 219

# Chapter 01

# 我是谁：
# 认识独一无二的自己

　　我们每个人都是独一无二的，我们有自己的优点，也有自己的缺点，我们要做的就是发挥优点，接受缺点，积极面对人生。

# 1. 你就是拼图中那独一无二、不可或缺的一小块儿

　　每个孩子来到这个世界都有着自己独特的使命，就像拼图中的每一小块儿都是独立的，但又都是不可或缺的，如果缺少一块儿，整个拼图就不完美了。所以，你一定要相信，世界因你而精彩。

　　我看过一本书，是黑幼龙写的《慢养：给孩子一个好性格》，这本书给我留下深刻印象。黑幼龙有四个孩子，每个孩子的个性都不同，他给予孩子充分的尊重和爱，让他们有自由的成长空间，最终的结果是四个孩子都长大成材。我印象深的是他的二儿子黑立国。黑立国从小顽劣异常，做过无数令父母头疼的事情，包括差点儿点着邻居的汽车，在超市里顺东西被抓住，成绩落后，基本是个"问题少年"。面对这样难以管教的孩子，黑幼龙并没有施以棍棒，他相信，孩子都会因为好奇而做错事，为人父母最重要的是让孩子知道，父母会支持他，即使他犯错，只要改过，父母对他的爱永不改变或减少。

问自己

◎你怎么评价自己？
◎老师怎么评价你？
◎父母怎么评价你？

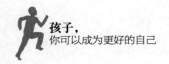

事实证明，这样无功利性的慢养教育是成功的，长大后的黑立国，成为美国华盛顿大学医学院副院长，那一年，他只有29岁。

黑立国的成长经历告诉我们，不要因为自己身上有缺点或成绩不好，就自我放弃。只要努力，什么时候都不晚，不要现在就给自己下定论。

像拼图一样，我们要对自己有一个正确的认识。只有了解了自己，你才能显示出你存在的意义。所以你一定要不断认识自己，这样才能发挥出你的特长。

我在课堂上讲过这样一个故事。

20世纪80年代，有位名叫安德森的模特公司经纪人，看中了一个身穿廉价衣服、不施脂粉、不拘小节的大一女生。这个女生来自美国伊利诺伊州一个蓝领家庭，唇边长了一颗醒目的大黑痣。她从没看过时装杂志，没化过妆，要与她谈论时尚等话题，好比是对牛弹琴。

安德森偏要将这个还带着乡土气息的女生介绍给经纪公司，结果遭到一次次的拒绝。有的说她粗野，有的说她恶煞般，归根结底是因为那颗唇边的大黑痣。

安德森却下了决心，要把女生及黑痣捆绑着推销出去。他给女生做了一张合成照片，小心翼翼地把大黑痣隐藏在阴影里。他拿着这张照片给客户看，客户果然满意，马上要见真人。

人一来，客户当即指着女生的黑痣说："你给我把这颗痣拿下来。"

激光除痣其实很简单，无痛且省时。女生却坚决不做。安德森有种奇怪的预感，他坚定不移地对女生说："你千万不要除去这颗痣，等你出名了，全世界就靠着这颗痣来识别你。"

果然这女生几年后红极一时，日收入三万美元，成为天后级人物，她就是名模辛迪·克劳馥。她唇边赫然在目的是那颗今天被视为性感象征的大黑痣。

每个人心目中的美人标准都是不一样的。自己的本色才是最迷人的，保持自我的独特性，而不要一味地去追求潮流，这样的人才是最美丽的。

看完这个故事你就明白了，一个人最重要的就是要保持自己的特点，不要拿自己的短处和别人的长处比较，从而贬低自己。每个人都有自己的特点。尺有所短，寸有所长，不必经常自叹某处总不如人，因为没有谁是完美的。不要因为外人的评价而改变自己或者小看自己。

记住，人生最可怕的事是没有看到自身所具有的巨大潜能。

"我是一个什么样的人？""我是谁？""我对自己是否满意？""我有什么价值？"这些都是自我认知和自我体验的问题，它是主观自我对客观自我的感知和评价。一个人有了明确的自我认识，就会对自己的心理活动进行调节，并对客观自我进行改进和制约，以期达到主观自我所期待的目标。

如果你一直认为自己具有成功人士的潜质，那你就会不断看到一个意气风发、积极进取、勇于挑战的强者在前方召唤。你会告诉自己"我现在做得很好，相信我可以更好"，在这种积极的自我暗示下，你内心会受到鼓舞，感受到自我价值以及尊严感。这种肯定的自我意识会产生强大的力量，督促你向着理想的自己迈进，那你当然会成为现实中的成

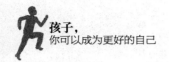

功人士。

每个人生来就被赋予无限的潜力和可能，这是上天对人类最大的恩赐。区别在于，有的人相信自己能行，敢于尝试，充分发挥出了自己的潜能，创造了神话；有的人则悲观消极，故步自封，辜负了上天的一片好意。

每个人都是独一无二的，遗传学家阿蒙兰·辛费特曾说过："在世界的全部历史上，从来没有别人和你完全一样，在那无限遥远的将来，也决不会再有另一个你。"

面对现实中的困难和挫折，无论它多么强大，你一定会克服的；无论目标多么高远，你也一定会达到。

**永刚老师说**

◎通过自我观察认识自己。我们要对自己的身心状态和人际关系等有所认识。我们要善于剖析自我，更好地树立外在形象和认识内在自我。

◎通过他人评价认识自己。我们都知道"旁观者清""以人为镜可以明得失"，在认识自己的过程中，我们要主动通过他人了解自己。我们要虚心听取他人的评价，同时又要客观、冷静地分析他人的评价，以便我们多角度认识自己。

◎通过社会比较认识自己。自我观察和他人评价难免会有各自的主观投射，因此，我们可以通过合理的社会比较更好地认识自己。把现在的自己与过去的自己、未来的自己进行纵向比较，与同龄人或者有类似条件的人进行横向比较，通过更全面的比较来正确认识自己。

◎通过社会实践认识自己。我们可以通过参加各种活动，根据各种活动过程与结果来认识自己。通过与他人的合作分析自己的人际沟通能力，通过开展活动来分析自己的组织、管理能力，通过读书活动检验自己对知识的掌握程度，及时查漏补缺，等等。通过具体的活动分析自己的表现及成果，更加客观地认识自己。

◎通过反思总结认识自己。我们发现在以上四点中，我们都是在发现和认识自己，很多人也的确是这么做的，但是还是不太清楚自己是一个什么样的人，所以，我们还需要经常反思和总结。多写日记，及时归纳自己的长处与不足，更好地认识生理自我、心理自我和社会自我。

## 2. 积极的心态引领你走向成功

有这样一个故事。

有一个美丽的花园，里面长着苹果树、橘子树、梨树，还有橡树。到了春天，苹果树、橘子树和梨树都盛开着各种美丽的花朵，只有橡树没有

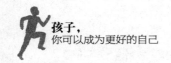

花开，所以橡树很不快乐。

一只天鸟停在了橡树上，看到橡树很不开心，就问为什么。橡树说："虽然我自己很努力，可是就是不开花。"天鸟说："你永远也不会开花，因为你不是苹果树、橘子树或梨树，你要倾听的是自己内心的声音。"橡树接受了天鸟的建议，闭上眼睛，打开心扉，听到了内心的呼唤："你就是橡树，橡树的使命就是让鸟儿栖息，给游人遮阴，让环境更美丽。"后来，橡树就长成了参天大树，感受着生命的快乐。

与橡树一样，每个人都有自己独特的地方，都有自己的闪光点。

现在你对自己的未来或许感到迷惑，不知道自己长大以后想要干什么。不要着急，没有必要现在就把自己的职业、专业定下来，只要从此多加留心哪些事物能够引起你的兴趣，把自己擅长的事情记下来。认真观察从事不同职业的人的生活方式，你觉得他们幸福吗？发现自己的特长非常重要，应该经常问自己：我的特长是什么？

学生时代，大家往往只注重考试分数，其实这是片面的。也许你分数不高，但与人沟通能力强；也许你数学不好，但语文很好；也许你英语不好，但跑步很快；等等。你一定会有自己的特长，等待你去发现。

**问自己**

◎你最擅长什么？

◎你在哪些方面比大部分人更优秀？

◎了解你的人认为你最大的长处是什么？

◎自童年开始，你最喜欢做什么？

◎你最喜欢学校的哪些活动？

◎如果钱不是问题的话，你最喜欢做什么？

如果你擅长沟通，将来可以去做外交家；如果你擅长跑步，将来可以去赢得冠军；如果你擅长作文，将来可以当作家。所以人生最可怕的事是你不了解自己的特长是什么。命运掌握在自己手上。

很多家长埋怨孩子不好好学习，总看课外书。其实适当看课外书是孩子获取知识非常重要的渠道，我比较支持孩子在学生时代多看一些课外书，开阔眼界，扩展知识面。读一本书，就像生活对你打开了一扇窗户。"读史使人明智，读诗使人聪慧，演算使人精密，哲理使人深刻，道德使人高尚，逻辑修辞使人善辩。"读课外书能让孩子的未来充满后劲儿。

"我是谁"是一个久远而又复杂的问题，更是自我认识及自我定位的基础。你可以根据自己的性格特点、兴趣爱好、专业特长等因素规划自己的未来。

如果自己是一个有规律的人，就干一些事务性的工作；如果自己是一个喜欢抽象思维的人，就做一些研究性的工作。如果我们喜欢自由的环境，就可以根据自己的天赋做一个作家或画家；如果我们喜欢与人沟通，可以考虑销售和培训工作；如果我们喜欢冒险，可以考虑自己创业。总之，总有一个岗位适合你。

就算你自身条件非常不利，但只要你保持一种积极向上的状态，摆正心态，取得成功也是很有可能的事。相反，一个人就算有优越的条件，如果他悲观消极、不思进取，失败也是必然的。

大量的事例证明，积极心态能够帮助人们成就事业。

一个人若要做自己命运的主宰，首先要做自己态度的主宰。能够控制自己心态的人，才能成为掌控自己命运的人。请记住，人最大的敌人

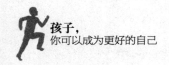
是自己。除此之外，没有人能真正打败你。

永刚老师说

培养积极心态的五种方法：

◎从言谈举止上变得积极起来；

◎心怀必胜的信念；

◎学会称赞他人；

◎学会微笑；

◎培养奉献的精神。

## 3. 挖掘优势，每个人生来就被赋予了无限的潜能

每个孩子的天赋是不同的，能力方面也各有千秋。通常，孩子在智力和能力上难辨优劣，但当孩子进入小学后，衡量标准就集中在学习分数上了，这就使擅长学习的孩子常受表扬，而学习稍差的孩子常受批评。孩子由于学习成绩不如意而自卑，丧失了自信，不利于形成健康的人格。

如何避免出现这种不利的情况呢？较为有效的办法就是发现和培养自己的某一专长。我们从小便会显露某种能力倾向：要么能跑能跳，好运动；要么爱唱爱跳，擅长表演；要么能写会画，酷爱文艺。我们要及时发现自己的专长，这样，即便将来学习成绩不佳，也不至于因此而灰心丧气，反倒会在自己擅长的领域奋发努力，或许还能干出一番事业来。发挥自己的特长，我们就有了一定的竞争优势，具有了上进的动力，也会因此变得越来越自信。

我在课堂上曾经分享过这样一个故事。

美国游泳神童菲尔普斯，小时候被诊断患了多动症。医生建议，菲尔普斯在服药的同时，参加游泳。第一次游泳时，菲尔普斯非常兴奋，高呼"我是奥运冠军"，妈妈很欣慰，以为这样能治好菲尔普斯的病。

然而，游泳训练对菲尔普斯的多动症并无效果，他在课堂上仍然坐不住，被同学称为"一只多动的猴子"。后来。一个教练注意到，菲尔普斯的泳姿虽不标准，但他的身体与水的配合相当完美，教练决定培养菲尔普斯。可是，菲尔普斯的状态很不稳定，有时可以不知疲倦地游几小时，有时游几百米就筋疲力尽。

因此，妈妈并不看好菲尔普斯的特长："学习成绩令人头疼，靠游泳还能生活一辈子？"

菲尔普斯向妈妈保证："我不要再吃那些药了，我能控制自己，如果您继续让我游泳，我保证学习成绩好起来。"于是，才有了我们今天看到的世界冠军菲尔普斯。

由此我们看到，兴趣爱好是人做好一件事情的原动力，同时它也是个体的优势，能激发潜能，并推动一个人积极投入做好每一件事情，从而取得更好的成绩。

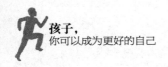

那么如何发现自己的优势呢？请尝试回答右栏这些问题。

回答完这些问题，你心里是不是就有数了？

如果你一时没有找到感兴趣的事，没关系，从现在开始多尝试。只有多尝试，才能知道自己喜欢什么，不喜欢什么。

很多人到头来发现自己的事业一团糟，这都是因为他们没有花时间认真思考一下自己到底想要做什么。那么，应该思考哪些问题呢？应该思考

问自己

◎你有没有一直特别想做的事？

◎你有没有很快就能学会而且能做得比别人更出色的事？

◎你有没有做什么事感觉时间过得很快并且很开心？

◎有没有做完某件事很有成就感？

◎有没有一件事总和你的快乐相关？

自己喜欢做什么，不喜欢做什么，想要过什么样的生活。比如你喜欢自己创业，那就去当企业家。最重要的一点是：一定要选择自己喜欢的职业。只有真正喜欢做的事情才会让你有成就感。

每一个人都会通过遗传获得天赋和短板。人需要扬长避短，千万不要因自己的短板唉声叹气、怨天尤人、自卑自怜。因为每个人都有自己的天赋和短板。重要的不是天赋和短板本身，而是我们如何看待自己的天赋和短板。智者不会刻意去掩饰自己的短板，他们会坦然面对并接纳自己的短板；他们会把注意力聚焦在自己的天赋上，将自己的天赋潜能发挥出来，创造价值，造福人类。只要我们展现真实的自我，我们就会自然地散发出独特的魅力。

永刚老师说

◎行动起来，不要总是做计划。在你行动前，你永远不会确切知道它是对还是错。你的人生经验不足以支持你预料所有的可能，试着去做，在行动中纠正你的行为，这实际上能更好地开动你的大脑。事先预计的错误未必会在实际操作中发生，而出现的很多问题往往是当初你没有预料到的。

◎行动后即使失败也不要后悔，失败也是重要的人生经验，如果不尝试又怎能知道这样的结果呢？

# 4. 直面缺点，伟人也不完美

有一部美国影片，名叫《教师》，取材于一个真实的故事。

这个故事发生在美国新泽西州的一个小镇上。在这个小镇的一所学校里，有一个班级，26名学生，几乎每个人都有不大光彩的过去：有人吸过毒，有人进过管教所。家长对这些孩子，就是两个字：绝望。

好几任老师都被这些孩子气走了。这时候，来了一位女教师，名叫菲拉。她来的第一天，给大家出了一道题，说有这样三个人：

第一个人曾是战斗英雄，不吸烟，偶尔喝一点儿酒，年轻时从来没做过违法的事。

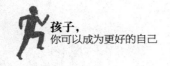

第二个人笃信巫医，有两个情妇，有多年的吸烟史，而且嗜酒如命。

第三个人曾经多次被校长训斥，每晚喝大约1000毫升的白兰地，而且有过吸鸦片的记录。

她问孩子们的问题是：谁后来成了伟人？孩子们一致认为第一个人日后会成为伟人。

可是菲拉老师告诉孩子们：第一个是希特勒，而第二个和第三个，分别是美国前总统罗斯福和英国前首相丘吉尔。

菲拉老师说："人都有犯错的时候。过去并不那么重要，把握现在和将来才是最重要的。"菲拉的话改变了这些孩子的一生。这些孩子长大之后，都成为有用之人，包括飞机驾驶员、心理医生、基金经理人、法官等等。

这部片子中的女教师用事实告诉大家，任何人都有缺点，但是缺点并不妨碍他为社会做出贡献。

丘吉尔、罗斯福与斯大林并称为二战期间的"三巨头"，是矗立于世界史册上的一代伟人。

在二战中，丘吉尔是带领英国人民取得伟大胜利的民族英雄："我没有别的，只有热血、辛劳、眼泪和汗水献给大家。你们问，我们的目的是什么？我可以用一个词来答复——胜利！不惜一切代价去争取胜利！无论多么恐怖也要争取胜利！无论道路多么遥远艰难也要争取胜利！——因为没有胜利，我们就无法生存。"

二战中，丘吉尔正是靠这激情澎湃的演讲，去展现他钢铁般的意志，同时也鼓舞着英国人民为打赢这场战争而奋斗。

罗斯福是二战期间同盟国阵营的重要领导人之一。1941年珍珠港事件发生后，罗斯福力主对日本宣战。二战后期同盟国逐渐扭转形势后，罗斯福对塑造战后世界秩序发挥了关键作用，其影响力在雅尔塔会议及联合国的组建过程中尤其明显。

问自己

◎最让你苦恼的缺点是什么？

◎你准备克服的缺点是什么？

◎你准备坦然接受的缺点是什么？

这些影响时代进程的伟人尚且有缺点，更何况我们这些普通人，而且这些缺点丝毫不影响他们的伟大。

还有一个例子，我经常在课堂上和大家分享。

被人们称为"全球第一CEO"的美国通用电气公司前首席执行官杰克·韦尔奇有句名言："所有的管理都是围绕'自信'展开的。"凭着这种自信，在担任通用电气公司首席执行官的20年中，韦尔奇显示了非凡的领导才能。韦尔奇的自信，与他所受的家庭教育是分不开的。韦尔奇的母亲对儿子的关心主要体现为培养他的自信心。因为她懂得，有自信，然后才能有一切。

韦尔奇从小就患有口吃，说话口齿不清，因此经常闹笑话。韦尔奇的母亲想方设法给儿子鼓励。她常对韦尔奇说："这是因为你太聪明，没有任何一个人的舌头可以跟得上你这样聪明的脑袋。"于是从小到大，韦尔奇从未对自己的口吃有过丝毫的忧虑。因为他从心底相信母亲的话：他的大脑比别人的舌头转得快。在母亲的鼓励下，口吃的毛病并没有阻碍韦

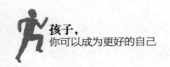

尔奇学业与事业的发展，而且注意到他这个弱点的人大都对他产生了某种敬意，因为他竟能克服这个缺陷，在商界出类拔萃。美国全国广播公司新闻部主管迈克尔就对韦尔奇十分敬佩，他甚至开玩笑说："韦尔奇真有力量、真有效率，我恨不得自己也口吃。"

我们从这个例子便会发现缺点并不影响成功，成功人士也有缺点；缺点并不可怕，重要的是我们如何看待缺点。

面对自身的缺点，你有三种选择：

否认自己的缺点；

努力克服自身的缺点；

改变自己的目标，从而回避缺点。

你会如何选择呢？

否认自己的
缺点

改变自己的
目标

努力克服自
身的缺点

**面对缺点的三种选择**

我们都希望自己没有缺点。缺点常常让我们感到自卑，所以我们试图掩盖缺点。我们一定要明白所有人都有缺点，当你能坦然面对自己的缺点时，你就不会再自卑。一个接纳自己的人，才能发现自身的独特性，从而知道自己能做什么。缺点是每个人都无法避免的，有些甚至难

以改变，你盯着它们只能让自己头脑混乱且无所适从。为何不把注意力
转移到对自己有益的事情上？

 永刚老师说

◎每个人都是不完美的，但缺点并不必然影响你的成功。

◎把自己的优点或特长发挥到极致，就是成功。

◎长期纠结于自己的缺点，才是影响你成功的因素之一。

◎从内心接受自己的缺点，正确看待自己的缺点，你才能变得
强大。

◎必须相信自己，就算再糟糕，也要给自己信心。

# Chapter 02

# 我要成为谁：
# 榜样的力量是无穷的

　　每个人心中都有一个榜样，或者说有个偶像。我们将来是否可以成为自己心中偶像的样子，主动权在自己手里。没有不可能，关键是行动。

# 1. 榜样的力量是无穷的

我在课堂上讲过这样一个故事。

有一个英国人叫伊万，他42岁了仍一事无成。他的人生充满了失败：离婚、破产、失业……他不知道自己生存的价值和人生的意义。他变得古怪、易怒，同时心理也十分脆弱。有一天，在伦敦街头遇到一个算命的人，他随意一试。

算命先生看过他的手相之后，说："您是一个了不起的人！"

"什么？"他大吃一惊，"你不是在开玩笑吧？！"

算命先生平静地说："您知道您是谁吗？"

"我是谁？"他暗想，"我是个倒霉鬼，是个穷光蛋，是个被生活抛弃的人！"但他仍然故作镇静地问："我是谁呢？"

"您是伟人，"算命先生说，"您知道吗？您是丘吉尔转世！您身上流的血、您的勇气和智慧，都是丘吉尔的呀！先生，难道您真的没有发觉，您的面貌也很像丘吉尔吗？"

"不会吧……"他迟疑地说，"我离婚了……我破产了……我失业

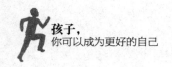
了……我几乎无家可归……"

"嗨，那是您的过去！"算命先
生又说，"您的未来可了不得！如果
您相信，就不用给钱了。不过，五年
后，您将是英国最成功的人哪！因为
您是丘吉尔的化身！"

问自己

◎你心中的榜样是谁？
◎你欣赏他的哪方面？

伊万表面上装作极不相信地离开
了，但心里却有了一种从未有过的兴奋感觉。他对丘吉尔产生了浓厚的兴
趣，回家后就想方设法找到与丘吉尔有关的一切书籍来学习。渐渐地，他
发现周围的环境开始改变了，朋友、家人、同事、老板，都换了另一种
眼光、另一种表情对他。事情开始顺利起来。

后来伊万才领悟到，其实一切都没变，是他自己变了：他的胆魄、思
维模式都在模仿丘吉尔，就连走路说话都像。

13年以后，也就是在他55岁的时候，他成了亿万富翁。


这个故事说明，榜样的力量是无穷的，如果时常能反省自己："如
果我是他，会这样想、这样做吗？他会怎样想、怎样做呢？"那么自己
也会有一个明显的提高与进步。

有时找一个看不见的榜样，不如找一个身边的榜样，因为身边的榜
样是你看得见摸得着的。比如你们班某个同学或者某个老师，他或者学
习好，或者气质好，或者球打得好，总之他身上的某个特点吸引你，让
你羡慕，你就可以向他学习，和他交朋友，在无形中让他影响你。新东
方创始人俞敏洪上大学时羡慕王强读书多，就向他学习，也去多读书，

养成了看书的习惯，终身受益。

如果你羡慕别人的学习成绩，你也可以把比你学习好的同学当成榜样，一步步追赶。

有时我们提到榜样，就想起一些知名的成功人士，其实把身边人当作榜样更实际，更容易模仿。

永刚老师说

◎寻找身边的榜样对你更实用，因为身边的榜样是你能够随时看到的，他的一举一动你都可以模仿，还可以做进一步的交流，而不是浮于表面，同时可以真切看到你和他的差距，便于追赶。

## 2. 人生要有规划，不然就会成为你不想成为的人

如果我和你说，十年后你将成为什么样的人完全取决于现在的你，你会有什么样的感想呢？

成功的人之所以能够成功，就在于他们有一个共性，那就是善于做规划。无论做什么事情，他们都规划得非常清楚。

一些人常常抱怨命运不公平，他们感叹：为什么自己每天也忙忙碌碌，但成功的人偏偏不是自己呢？难道这不是命运的不公平吗？

我相信，很多人都曾经有过这样的迷茫和困惑。当你感觉世界亏待

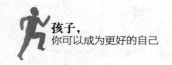
了自己的时候，不妨在夜深人静的时候问一下自己："真的是命运不公平吗？虽然每天忙忙碌碌，但是自己是在按规划做事吗？"

大多数人在匆匆赶路的时候，不考虑方向的问题，结果去了一些根本不值得去的地方。没有了规划，努力就失去了意义。要记住，规划永远比努力更重要。

哈佛大学曾做过一次关于人生目标的调查。结果显示，有目标的人，做事才会更有计划性，才会更有效率，才会更积极。

在美国，从中学开始，老师就会根据学生的个性特点，引导学生树立明确的目标，帮助学生找到适合自己的发展道路。因此，学生在学习上可以做到有的放矢，及早为就业做准备。

而在国内，很多孩子从小就没有被引导正确认识自己的优劣势，往往每一步都跟随潮流。升高中、考大学、选专业，都是随社会大众进行选择。为了学历读自己并不喜欢的专业，或者为了就业选择当时热门的专业，自己并没有明确的规划和目标，等到毕业时才发现以前认为热门的行业并不热门，以前为了追求高学历而盲目升学的努力也是徒劳。自己只是没有明确目标、浑浑噩噩、一事无成地度过了大学时光而已，对于工作和前途，仍旧一片茫然。

我朋友的单位里有这样一个人，她从事客服工作近十年了，很清楚自己在公司已经没什么发展前途了，所以三年前就有了转行的想法，但一直都没有想好干什么。

所以每当想要转行的时候，她又开始留恋自己现在稳定的生活，加上还没想好转行做什么，于是就浑浑噩噩地过着日子，只是偶尔在某个夜深人静的时候想到自己的未来在哪里、出路在哪里，心里才有些小憧憬。

她直到现在还没有转行，反而现在那种跃跃欲试的想法一次又一次让她感到痛苦。

如果自己总是生活在迷茫中，这恰恰是在困难面前怯懦的表现。你都不知道自己想要什么，命运又怎会给予你想要的东西呢？而当你知道自己想要什么的时候，并为之努力，那么，世界就会为你让步。

不要总是羡慕别人的成功，要为自己的人生做出规划，否则自己很可能把精力消耗在了偏离方向且不重要的事情上，做了许多无用功。

我常给我的学生们讲金台镐的故事。

出任韩国总理的时候，金台镐才48岁，他是当时韩国最年轻的国务总理。金台镐小时候家里很穷，在高中时一度想放弃学业，帮助日益苍老、佝偻的父母干活，但遭到了父亲的坚决反对。

父亲对他说："家里的贫困是暂时的，我扛得住。我只希望你好好学习，相信通过你自己的努力，你会有更灿烂的明天。"

从此，金台镐牢记父亲的教导，他发誓自己一定要做最成功的人，于是一头钻进了高中课程的学习中。经过艰辛的努力，他中学毕业后考入了韩国顶级高等学府——首尔国立大学，攻读农学。大学毕业后，金台镐本想继续深造，成为一名学者。后来，一次机缘巧合，他认识了前总统金泳三的一名高级助手，在对方的影响下选择了公务员工作。

做公务员期间，他含辛茹苦，披肝沥胆，一路升迁，直到出任总理。他在民众中赢得廉洁、亲民、坚忍、勇于挑战等良好声誉。

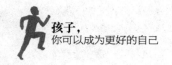
回忆起自己的成长历程，金台镐说："我身为牛贩子的儿子，既没有钱也没有权，仅凭自己坚定的信念，并为之付出努力。我想告诉年轻人，别害怕失败，只要你知道自己想去哪里，世界都会为你让步。"

这是一位总理对年轻人的最好忠告。人生的道路充满坎坷，只要我们自己知道自己该去哪里，我们总会在柳暗花明处，找到属于自己的成长的快乐。带着这种坚定而轻松的心态前行，就一定能找到全世界都会为你让路的智慧和处世哲学。

在这里，我们不妨做一个小测试，把十年后的你介绍给大家：

你在哪个学校读书？

你在哪个单位上班？

是否结婚了？

收入是多少？

住什么样的房子？

有什么样的朋友？

值得骄傲的是什么？

你可以通过这个小测验，看到十年后的你，看到你希望自己成为什么样的人，这样你就清晰地知道自己要做什么了。因为做什么是你的自由，正是现在的所作所为最终决定了你的生活是否幸福。

如果仅仅盯着眼前的成绩，满足于目前的状态，而不去提升自己的能力，不去发现更辽阔的天空，我们又怎能在未来为自己赢得一片天地呢？

德国诗人席勒曾经说过："一个人不应该背叛他少年时的梦想。"

曾几何时，我们说过多少次要去实现自己的理想，要规划自己的生活，要成为自己理想中的那个人，却又一次次被现实和生活打击。当我们年老的时候，我们就会发现自己的人生满是遗憾。

如果你还没有规划，那是因为迷茫还不足以让你感觉非常痛苦。

 永刚老师说

规划人生的五个关键点：

◎列出你的人生目标和完成时间；

◎把每个目标单独写在一张白纸的顶端；

问自己

◎尝试列出自己的人生目标，并写出准备什么时候完成。

◎在每个目标下面写上你完成这个目标所需要的资源和完成每一步所需要的行动及时间点；

◎检查你的整个人生目标，然后制订本周、本月和本年度的进度表，以便按照预定的步骤去完成你的目标；

◎把所有的目标完成时间点写在你的进度表上，这样事情就有了确定的完成时间。

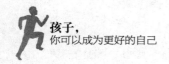

## 3. 偶像也是普通人，不是高不可攀的神

也许你在学校里的表现的确不尽如人意，也许你认为自己本来就不是读书的材料。别灰心，伙计，抬起头来！你知道吗，世界上有些名人也曾经和你一样：

爱因斯坦小时候语言发育较迟，他的父母曾经怀疑他智力有问题；

牛顿上学的时候数学成绩很差；

毕加索十岁的时候由于成绩太差经常被学校关禁闭；

丘吉尔读六年级的时候曾经留级。

这些伟人身上都存在很多短板，但最终并没有阻碍他们成为伟大的人，同样你也可以做到。学习成绩不好不等于你终将一事无成，也许你更擅长与人打交道，也许你更擅长体育运动，也许你更擅长表演。

我在课堂上曾经和大家分享过一个故事。

德摩斯梯尼是雅典的著名律师，后来成为政坛活跃人物。但是他天生口吃，嗓音低。在常人看来，他似乎没有一点儿当演说家的天赋。为了成为卓越的政治演说家，德摩斯梯尼进行了异常刻苦的学习和训练。

他最初的政治演说是很不成功的。由于发音不清，论证无力，他多次被轰下讲坛。为了改进发音，他虚心向著名的播音员请教发音的方法。他把小石子含在嘴里朗读，迎着大风和波涛讲话。为了改掉气短的毛病，他一边在陡峭的山路上攀登，一边不停地吟诗。他在家里装了一面大镜子，每天对着镜子练习演说。

　　德摩斯梯尼不仅训练自己的发音，而且努力提高政治、文学修养。他研究古希腊的诗歌、神话，背诵优秀的悲剧和喜剧，探究著名历史学家的文体和风格。柏拉图是当时公认的独具风格的演讲大师，他每次演讲，德摩斯梯尼都前去聆听，并用心琢磨大师的演讲技巧。

　　经过十多年的磨炼，德摩斯梯尼终于成为一位出色的演说家，他的著名的政治演说为他赢得了不朽的声誉。他的演说稿结集出版，成为古代雄辩术的典范，打动了千千万万读者的心。

　　很多成功的人并不是没有缺点，他们要么努力克服缺点，要么避开弱点，发挥特长。我们在生活中不必要求自己十全十美，要善于发现自己的特长，尽量发挥特长，让自己脱颖而出。

　　不要再卑微地仰视那些成功者，你和他们一样，生来就被赋予同样的机遇和权利。你必须认识到这一点：人都会失败，关键是如何走出失败。不能说服自己克服失败的人才是最大的失败者。如果可以，去参加一些有意义的组织，在这样一个有共同目标的氛围中，你会被引向一个良好的发展方向。这能够帮助你形成一种积极的自我意识。在组织成员中，你有机会接触更广泛的人群，也就多了向失败者学习的机会。

　　在交往中你会发现，他们的智商和能力并不高于你，甚至有的人和你遭遇过同样的失败，这样你便获得了自信。当下次碰到同样的问题时，你

问自己

　　◎尝试去寻找你心中偶像的一个缺点或是曾经的失败，看看他是怎么做的。

029

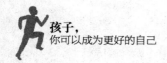

就会告诉自己："我所面临的问题那些成功人士也经历过，这没什么，我具备和他们同样的能力，我一定能行的！"

永刚老师说

◎生活中我们往往把自己的偶像神化，其实他们身上也有常人的缺点，并不完美。他们只是把自己的优势发挥到极致，让自己脱颖而出，所以他能你也能。

# 4. 选择什么样的人生

有一个流传非常广的故事，我们来看看。

一个富翁在海滨度假，看到一个渔夫正悠闲地躺在沙滩上晒太阳，享受着温暖的日光浴。

富翁看不过去，于是走过去对渔夫说："你在这里晒太阳，怎么不去捕鱼呢？我告诉你如何成为富翁和享受生活的真谛吧！"

渔夫这样回答说："你有什么高见，我洗耳恭听。"

富翁说："首先，你需要每天多花些时间去捕更多的鱼，多赚些钱雇几个帮手增加产量，这样才能增加利润。"

"那之后呢？"渔夫问。

"之后你可以买条更大的船，打更多的鱼，赚更多的钱。"富翁接着说，"再之后呢，再买几条船，搞一个捕捞公司，投资一家水产品加工厂。"

"然后呢？"渔夫问。

"然后让公司上市，用赚来的钱再去投资房地产，如此一来，你就会和我一样，成为千万富翁了。"

"成为千万富翁之后呢？"渔夫好像对这一结果没有足够的认识。

富翁略加思考说："成为千万富翁，你就可以像我一样到海滨度假，晒晒太阳、钓钓鱼、享受日光浴了。"

问自己

◎尝试描述一下你理想中的生活，越具体越好。

"噢，原来如此。"渔夫似有所悟地说："我现在不就是在晒太阳、钓鱼、享受日光浴吗！"

有人认为人生就该是平平淡淡的，像渔夫一样，而有人则认为人生目的不重要，过程更为重要。如果是你，你会选择怎样的人生呢？

表面看，渔夫放弃追求，轻松地享受到了"海风和阳光"，而富翁打拼一生，才得到渔夫的快乐。但是，富翁和渔夫的心境怎么会一样呢？我们暂且不谈渔夫有没有抵抗风险的能力，仅从人生的经历来看，两个人完全不同。渔夫听过纳斯达克的钟声吗？经历过华尔街的风云吗？渔夫从来没有经历过生意场上惊心动魄的搏杀，从来没有过在绝望之际起死回生的惊喜，从来没有过失败后的重新站起，从来没有过跟部下庆祝成功和分享成果的经历，他的心灵体验怎么会跟富翁一样呢？有

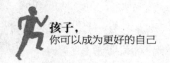
这些体会才不枉此生。如果人生忽略过程，每个人从出生就直奔死亡，那活着还有什么意义？生命有四个维度，不只有长度，还有宽度、深度、高度。不停地尝试、努力、折腾、奋斗，本质上就是给被局限了长度的生命增加宽度、深度、高度。奋斗带给你的乐趣、人生体验和幸福感，才是人生的华美篇章。

故事中渔夫的生活恰巧与富翁奋斗一生的结果相似：钓鱼，晒太阳。而渔夫一直守在小渔村没有出去看看世界，他真的会喜欢、珍惜这里的宁静和美好吗？同样的小渔村，同样是晒太阳、打瞌睡，比较与选择之后是美与享受，而没有比较、没有选择就只是一种庸常。

 **永刚老师说**

◎人生最大的快乐和幸福是创新、奉献，是为理想、为事业而拼搏奋斗。一个人最愉快的是一辈子干自己热爱的事业，一个人最痛苦的是一辈子干自己不喜欢的事业。清汤寡水食无味，平平庸庸生无趣。无所事事，是人生最大的痛苦，为自己所钟爱的事业而忙忙碌碌，是人生最大的幸福。爱自己喜欢的人，干自己喜欢的事，是人生的两大幸福。只要你全身心地投入到你所热爱的事业当中去，你就会忘记一切烦恼与不快。每天都有希望，每天都很充实，每天就会很快乐，每天就会很幸福。

# 5. 你也可以成为大家的榜样

在学校，你也可以成为大家的榜样。当你成为一个班干部时，是不是会产生如下的烦恼：

如何树立自己的威信？

如何让大家听从自己的指挥？

如何让班集体团结向上？

其实一个班干部在班里形成的这种威信和影响力，正是源自他自身的行为。作为班干部必须以身作则，用实际行动说服同学，这样才能具有亲和力，班级才能形成高度的凝聚力。

第二次世界大战时期，有一次，当巴顿将军带领他的部队行进的时候，汽车陷入了泥沼。巴顿将军喊道："你们这帮混蛋赶快下车，把车推出来。"所有的人都下了车，按照命令开始推车。在大家的努力下，车终于被推了出来。当一个士兵正准备抹去自己身上的污泥时，他惊讶地发现身边那个弄得浑身都是污泥的人竟然是巴顿将军。

看完这个故事，不难理解隐藏在这句话背后的深意：士兵的状态，取决于将领的状态；将领所展示出来的形象，就是士兵学习的标杆！

这个道理对你同样适用。凡是能够带领团队取得成功的领导者，必定是以身作则的领导者。

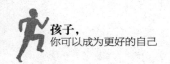
日本前经联会会长土光敏夫，是一位地位崇高、受人尊敬的企业家。土光敏夫在1965年曾出任东芝电器社长。当时的东芝人才济济，但由于组织庞大、层次过多、管理不善、员工松散，导致公司效率低下。土光接管之后，提出了"一般员工要比以前多用三倍的脑，董事则要多用十倍，我本人则有过之而无不及"的口号来重建东芝。

问自己

◎你自己有过成为大家榜样的机会吗？

◎当时自己是怎么做的？

他的口头禅是"以身作则最具说服力"。他每天提早半小时上班，并空出上午七点半至八点半的时间，欢迎员工与他一起动脑，共同讨论公司的问题。土光为了杜绝浪费，借着一次参观的机会，给东芝的董事上了一课。

那天，东芝的一位董事想参观一艘名叫"出光丸"的巨型邮轮。由于土光已看过九次，所以事先说好由他带路。

那一天是假日，他们约好在樱木町车站的门口会合。土光准时到达，董事乘公司的车随后赶到。

董事说："社长先生，抱歉让您久等了。我看我们就搭您的车前往参观吧！"董事以为土光也是乘公司的专车来的。

土光面无表情地说："我并没乘公司的轿车，我们去搭电车吧！"

董事当场愣住了，羞愧得无地自容。

原来土光为了杜绝浪费，使公司合理化，他以身作则搭电车，给那位浑浑噩噩的董事上了一课。

这件事传遍了整个公司，上下立刻心生警惕，不敢再随意浪费公司的物品。由于土光以身作则，东芝的情况逐渐好转。

管理者的工作习惯和自我约束力，对员工有着十分重要的影响。如果管理者都能够按时上班，工作时间尽量不要处理私人事务，对工作尽职尽责，那么在管理员工过程中自然就会事半功倍。

我们每个人都不可能十全十美，也不可能在一夜之间就转变自己做事的风格。但重要的是，我们要能够不断追求、完善自我。

领导者行为的影响力远胜过权力，以身作则才能够将组织的要求传递给员工，在不断的效仿、强化过程中形成一支步调一致的队伍。

 永刚老师说

成为榜样的途径：

◎把一件事情做好并坚持下去；

◎以身作则；

◎尊重别人的意见；

◎诚实可靠。

# Chapter 03

# 为了谁：
# 让一切因你而更美好

　　我们今天的努力，是为了自己更有尊严地生活，为了爱你和你爱的人生活得更好，为了家族的荣誉，为了从对社会的奉献中得到幸福。

# 1. 让爱你的人和你爱的人生活得更幸福

《活出生命的意义》这本书是"美国最有影响力的十大图书"之一。书的结尾总结了一句简单的话：我们活着的意义就是为了让他人活得更好。我认为首先我们要让爱你的人和你爱的人生活得更好。

相信很多人都看过《当幸福来敲门》吧。影片讲述了一位濒临破产、老婆离家的落魄业务员，如何刻苦耐劳地尽到父亲的责任，奋发向上成为股市交易员，最后成为知名的金融投资家的励志故事。

看过影片的人恐怕都忘不了其中几个镜头：主角克里斯没地方睡觉，带着儿子躲进地铁的洗手间过夜；他一手抱着儿子的头，一只脚死死顶住地铁厕所的门；门外敲门的声音和克里斯因强忍哭泣而颤抖的肩膀。相信很多人都因此流下了泪水，都能感受到在生活的重压下父亲心中的无奈和痛苦。

影片中儿子非常懂事，从未让父亲烦恼，反而成为父亲每次倒下又爬起的动力。父亲和儿子相依为命，经历的种种困难是一般人无法

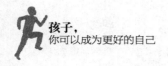

体会到的，但他坚持不懈、不畏困难，为自己和家人努力拼搏，最终赢得幸福。

2010年温哥华冬奥会进入第九天的争夺，短道速滑比赛也继续在太平洋体育馆进行。在女子1500米决赛中，孤军作战的中国小将周洋顶住压力，凭借着后程出色的冲刺，最终以2分16秒993的成绩打破奥运会纪录，获得冠军，为中国军团夺得了本届冬奥会的第三枚金牌。

首次参加冬奥会就获得金牌的周洋实现了自己的梦想。她感谢祖国，感谢亲人："夺取奥运会金牌是我一直以来的梦想，现在我已经实现了，这对我将来的比赛会很有好处，我会更有信心，相信在3000米接力的比赛中我们会表现得更好。获得这枚金牌，我可以让我的家人生活得更好。我妈妈以前一直都在帮人家织毛衣，家里的生活一直不好。这次真的实现了自己的愿望，我可以让我妈妈有更好的生活。"

◎你曾经做过一件让家人感觉幸福的事吗？描述一下当时的情景。

我们奋斗的目的，最初就是为了让爱你的人和你爱的人生活得更好，他们是你生活中最重要的人。

帮助自己的家人远离痛苦、追求快乐。对于已经结婚生子的人来说，他们对这点应该非常有体会。很多父母之所以努力工作，是因为他们希望自己的孩子可以过得好一点儿，希望自己的孩子远离贫穷、远离生活的痛苦，本质是因为每一个父母都爱自己的孩子。另外，我们都希望自己的父母健康快乐、不要生病，是因为我们怕他们痛苦、不快乐。另外有一些轻生的朋友，他们没有意识到自己的离开会给父母带来多么大的痛苦。所以要珍爱生命，让大家因你而幸福。

永刚老师说

◎我们现在好好学习，就是为了将来能够不让自己的孩子因为你能力不足而无法满足一个微不足道的愿望。

## 2. 你是家族的未来

孩子必须拥有足够的能量才能正常成长，而一个人的能量在很大程度上都来自家族的传承和对家族责任的承担。纵览古今中外，我们不难发现，很多有成就的人都来自大家族，并且他们的家族关系非常和谐。

上一代人对我们有很大的影响，我们总是无法摆脱父辈对我们的影响，这也是为什么不幸福的家庭总是容易一代传一代，无法摆脱这个恶性循环。

改变家族命运，选择权掌握在你的手里。你可以发挥自己的主观能动性，打破这个恶性循环。你可以让坏习惯在你这一代消失，把好习惯传给你的孩子，影响下一代。如果你能成为你们家族里第一个大学生，从你开始把良好习惯一代一代地传下去，这不是一件很美妙的事吗？

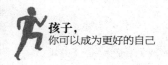

或许因为家里的生活十分困难，你不希望继续读书；或许你怀疑自己的能力，担心自己真的会一事无成，无法完成学业；或许你不喜欢学校生活，觉得自己在学校里一天也待不下去。不论怎样，为了家族的未来，你一定要坚持读书，未来你一定会感激今天的你。

问自己

◎ 你想过改变家族命运吗？

◎ 在什么情况下想的这个问题？

谈到家族荣誉，不得不提曾国藩。曾氏家族是近代中国很有影响的家族之一。曾国藩对家族有极强的责任心，为家族营造了良好家风，制定了严格的家训，流传后世的《曾国藩家书》也常被世人拿来借鉴或学习。

曾国藩改变了家族的命运。他通过书信把自己的思想和对生活的感悟传达给他的弟弟和子女，他的家族有成就的多达240多位，像教育家曾约农、曾宝荪，翻译家曾宝菡，化学家曾昭抡，等等。他们在化学界、教育界、文学界、艺术界、考古界、交通界等多个领域都取得了不凡的成就。曾家后裔恪遵先祖遗训，远离尔虞我诈、钩心斗角，洁身自好，大隐于市，实现了曾氏"长盛不衰，代有人才"的遗愿。

由此可见，改变家族命运，让自己的子孙过上幸福的生活是每个人的愿望，但很多人都把这种希望寄托在后代身上，没有从自己做起。任何事都不要寄托在别人身上，因为主动权不在你手上的事是无法控制的。从自己做起，什么时候都不晚。

**永刚老师说**

◎《礼记·大学》："古之欲明明德于天下者，先治其国；欲治其国者，先齐其家；欲齐其家者，先修其身；欲修其身者，先正其心；欲正其心者，先诚其意；欲诚其意者，先致其知，致知在格物。物格而后知至，知至而后意诚，意诚而后心正，心正而后身修，身修而后家齐，家齐而后国治，国治而后天下平。"这其中的齐家就是要治理好自己的家庭和家族，这是治理国家的基础。

# 3. 为尊严而战

有了钱和地位，不一定就有尊严。当人活得有尊严时，自己能够看得起自己，周围人也会看得起自己。这种感觉应该是我们每个人追求的。

达尔文一生钟情于科学研究，他长期坚持到野外观察动植物的习性，1859年出版了《物种起源》一书。谈到科学研究，他曾直言不讳地说道："坦白地说，我不只希望受到其他博物学者的尊敬，更想在科学领域中占有一席之地，这野心引导我一步步前进。"可以看出自我实现的"野心"在成就一个人时有很大的作用。人都需要得到大家的尊重，这是催人奋进的力量源泉。

你希望自己哪方面有所改变呢？

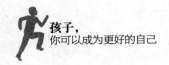

长相漂亮？

学习好？

非常自信？

擅长运动？

善于交友？

顽强努力？

很多人都会选择长相漂亮，但比漂亮更重要的是你的内心和品格。

有一个以色列女孩曾经感慨自己生来就不是美女。有一段时间她为此感到非常自卑，每次站在镜子前时都会很伤心。长大后她找到了自己在生活中的位置，容貌对她来说不再重要。长相不漂亮促使她培养自己的内在美。当她认识到自己不能依赖容貌生存时，她自身的潜力得到了极大发挥。

她就是以色列第一位女总理果尔达·梅厄，被认为是有史以来最伟大的领导人之一。梅厄是怎么赢得尊严的？她找到了生活的真谛，顿悟容貌不再重要。你也可以做到这点。一旦你找到了生活的真正意义所在，你的目标、你的梦想所在，你就会振奋精神，不再为容貌自怨自艾。梅厄为自己和民族的尊严奋斗了一生。

真正的尊严与外貌和名望无关，只与你是一个真正的人、一个掌握了自己命运的人、一个拥有非凡潜力的人有关。当你不再在乎别人怎么看

问自己

◎有人伤害过你的尊严吗？
◎你认为应该如何维护自己的尊严？

044

你、能够战胜挫折时，你就能感到自己内心的强大。

清朝咸丰初年，农民起义风起云涌，天下大乱，这却给了河北大兴人张曜一个机会。

张曜幼年失学，最不喜欢读书，但他身材高大，臂力过人，练得一身好武艺，入伍当了兵。张曜很有军事才华，因为智退捻军有功，深得钦差大臣僧格林沁的赏识，被正式招入清军。后来他当上了固始知县，因战功被咸丰帝赐号霍钦巴图鲁（勇士之意），后又擢升为河南布政使。

正当张曜在仕途上春风得意之时，一道弹劾奏章打碎了他的升官梦。写奏章的人叫刘毓楠，时任御使。刘毓楠参劾张曜，倒也没什么贪污受贿之类的大事，只是说他"目不识丁"，当个武官还可以，做一省的最高长官恐怕不太合适。皇帝一听，也有道理，于是下诏免去了张曜布政使的文职，改授武职总兵。

遭此羞辱的张曜起初愤愤不平，可冷静下来一想，刘毓楠说的也是实情。痛定思痛，张曜下决心补上这块短板。

老师是现成的。夫人张李氏闺名雪如，不仅容貌俊美，而且熟读诗书，是个才女。从此以后，凡闲暇时间，他都在夫人教导下读书。

为了时刻铭记当初的羞辱，张曜请人刻了一方"目不识丁"的印章，经常佩戴在身上，随时警戒和鞭策自己。

天道酬勤，几年之后，张曜终于成为一个很有学问的人。后来，他升任山东巡抚，又有人想起他的出身，再写奏章参他"目不识丁"。这次，他不再选择沉默，上书请皇帝主持面试，结果满朝文武都被他的学问所折服，无不暗暗称奇。

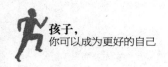
　　在夫人的教导下，张曜的文化修养大大提高，也使他对诸多政务能以阔大的胸襟坦然处之。无论是领兵追随左宗棠收复新疆，还是在山东巡抚任上治理黄河、兴修水利，他的功绩都可圈可点，不仅受到皇帝的表扬，更赢得了百姓的爱戴。

　　从目不识丁到文武双全，张曜转变的关键是刘毓楠参劾所带来的羞辱。不同的是，面对羞辱，张曜没有选择逃避、遮掩或报复，而是勇于正视自己的缺陷和问题，为人生加油。

　　什么才是有尊严的生活？玛莎·C.纳斯鲍姆在《寻求有尊严的生活：正义的能力理论》里列举了最低的标准，比如要有正常的生命长度，能得到充分的教育，有爱的能力，有正确的人生观并进行批判性思考，能参与政治、自由言论，能控制外在环境等。因为人才是国家最宝贵的财富。

　　可要到什么时候，人本身才最具价值？包括人格、尊严、理想、爱情，而不是其他？我不知道，但可以肯定的是，那一定不是一个怀才不遇的年代，也不是一个金钱至上的年代，更不是一个道德沦丧的年代。

　　把那些似乎已经被现代人束之高阁的东西拿出来说，是因为人类本质上是善忘的动物。连伤痛与仇恨都会被时光抹平，何况是人身上鲜活的"抗体"。

　　工作了这么些年，我也慢慢看清了一些真相。什么是野心勃勃却毫无生命力的人？什么是淡定从容但浑身冒着精气神的人？什么是能支撑一个人真正走得远的东西？什么是堆得很高但一推就倒的沙垒？我很怕那些消失的"抗体"再也回不来了，所以只能自救，只有自救。拿出一面古旧的铜镜，你我都照一照，看还是不是草木山石、日月星辰、人美心善，那本来的面目。

◎一个人如果知耻，就格外珍惜自尊，就会主动维护他人的尊严，把尊重自己与尊重他人结合起来，就会散发出高贵的气质。

◎比尔·盖茨曾经说过："当你在社会上没有任何作为的时候，没有人会承认你的自尊。"

# 4. 你愿意成为一个可有可无的人吗？

做一个对社会有用的人，说起来是一句大话，其实人只有被社会需要，才能找到存在感。

举一个最简单的例子。在一个篮球队里，有一个人球技很差，传球不好、投球不进、脾气还大，你说另外四个人怎么看他？他自己又会有什么感觉？他会开心吗？假设这个人球技高超，是个球星，可以带球队赢得比赛，他自然受到大家的尊敬，同时也会拥有更多的机会。

从上面的例子可以看出，一个人若不具备社会所需要的技能，也就很难获得自己所需要的资源。

如果一个人对社会有用，他就更容易受到社会的欢迎，日子也会变

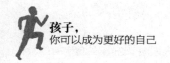
得更好过，也会比其他人更加自由，因为他拥有更多的资本去和社会或其他人进行交换。你对世界微笑，世界对你微笑；你对社会有用，社会对你有用。所以你现在多学些本领，就是为了将来有更多选择的自由，有更大的能力来掌握自己的命运，不让自己活得被动难堪。

我在课堂上曾给大家讲过鲁迅弃医从文的故事。

鲁迅13岁时，家里遭到一场很大的变故。鲁迅的祖父因贿赂乡试主考官，案发被捕入狱，鲁迅家境从此败落下来。而且祸不单行，鲁迅的父亲又得了肺病，经常吐血。因为当时医疗水平比较低，始终不能确诊是什么病，再加上家道败落，拿不出更多的钱来治病，于是就按照绍兴的土办法来止血：让病人喝陈年研磨出来的墨水。又请当地的中医来诊治，吃了不少中药，还用了一些稀奇古怪的药引子，最终也没能挽回父亲的生命。

从此鲁迅就立志学医，准备学成后"救治像我父亲似的被误的病人的疾苦，战争时候便去当军医"。于是他便到日本仙台医学专门学校学习医学。

鲁迅在仙台学习的第二年碰到了一件事情，使他改变了学医的志向。一次上细菌学课，需要用幻灯来展示细菌的形状和活动情况。教师讲完后，还没到下课时间，便放了几段时事幻灯片子，播出的是不久前结束的日俄战争的故事：日军抓了一个中国人，要枪毙他，说他做了俄国间谍，刑场四周站着很多身强力壮但麻木不仁的中国人正在观看。这时，有日本学生狂呼"万岁"。面对此情此景，鲁迅猛地站起来，夹起书本愤然走出教室。

在《呐喊》自序里，鲁迅说："凡是愚弱的国民，即使体格如何健全，如何茁壮，也只能做毫无意义的示众的材料和看客，病死多少是不必以为不幸的。"

鲁迅认识到，精神上的麻木比身体上的虚弱更加可怕。他认为，中国要想富强，必须让国人觉醒，光凭救几个人是没用的。于是，他决定弃医从文。

不论是学医还是学文，鲁迅都坚定地要做一个对社会有益的人，这是他价值观的根本，从来没有动摇过。试想我们做一名教师，可以桃李满天下；做一名白衣天使，可以救死扶伤。不论我们从事什么职业，只要对社会有益，都是光荣的。

其实人生的意义并没有那么复杂，简单来说就是因为你的存在，你周围的人感到生活更加美好了，而不是因为你的出现让周围的人苦不堪言。生而平凡，可以让家人更好；小有成就，可以让团队更好；身居要职，可以让国家和社会更好。

问自己

◎你希望在班集体里做一个可有可无的人，还是做一个不可或缺的人？

永刚老师说

◎我们每天都在"朋友圈"刷存在感，我们在社会上的存在感就是别人需要我们，我们对社会有用。

# Chapter 04

# 梦想，
# 能够穿透前方的黑暗

不要轻易放弃梦想，因为梦想让你摆脱浑浑噩噩，梦想让你感觉每天升起的太阳都与昨天不一样，梦想让你看得更远，梦想让你走得更远。

# 1. 梦想是丹柯那颗燃烧的心

说到梦想，我就想起小时候听到的一个故事，出自高尔基写的《丹柯》。

这个故事的主人公是一个为梦想英勇献身却不计较个人得失的悲剧性英雄，名叫丹柯。他是古老部族中的一个强壮、英俊的青年。当丹柯和他的族人被敌人赶入森林深处、濒于死亡的危机时刻，他自告奋勇带领大家披荆斩棘行进，决不屈服，决不做奴隶。当部族进入黑暗的密林，迷失了方向时，许多人开始埋怨、责怪丹柯。但他并没有发怒，因为他爱他的族人。他用手抓开了自己的胸膛，掏出了一颗燃烧的心，把它高高地举在头顶。那颗心正像太阳一样燃烧着，照亮了部族前进的道路。丹柯一直把族人带出森林，来到阳光灿烂、空气清新的大草原上之后，他那燃烧的心并没有熄灭，而是迸发出蓝色的小火星。每当雷雨将至之时，它们就在黑暗中闪闪发光。

在带领族人走出森林的整个过程中，丹柯始终没有改变自己的梦想和信念。他孤身一人面对自然界和族人的双重困难，没有放弃梦想，最终解

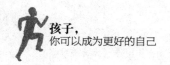

救了族人。

这个故事让我非常感动，梦想正如那颗燃烧的心，可以照亮人们前进的方向。很多成功人士的故事都告诉我们，怀有梦想是成功的开始。

因为有了飞翔的梦想，莱特兄弟发明了飞机；因为有了追求光明的梦想，爱迪生发明了电灯；因为有了探索宇宙的梦想，加加林成为第一个从太空看到地球的人。

比尔·盖茨有一个人人皆知的梦想：将来在每一个家庭的每张桌子上都有台个人电脑，而电脑中运行的则是自己开发的软件。正是在这一伟大梦想的催生下，微软公司诞生了。

我做培训这么多年，发现和繁重的课业相比，更让孩子痛苦的是他们并不清楚自己内心真正要什么。他们不知道将来要做什么，不知道自己要走向何方，不知道自己在哪里需要坚持、哪里需要放弃，他们甚至不知道自己喜欢什么、讨厌什么，一直处于一种随遇而安的状态之中，自然就不会去努力；即使有的人努力了，并且取得了一些成绩，蓦然回首，也会发觉目前所拥有一切不是自己真正想要的……

我在课堂上经常给同学们分享一个故事。

两个和尚住在隔壁，所谓隔壁就是他们分别住在相邻的两座山上的庙里。两座山之间有一条小溪，这两个和尚每天都会在同一时间下山去溪边挑水，久而久之，他们便成为了好朋友。

**问自己**

◎你的梦想是什么？
◎你放弃过梦想吗？为什么放弃梦想？

就这样，时间在每天挑水中不知不觉已经过了五年。突然有一天，左边这座山的和尚没有下山挑水，右边那座山的和尚心想："他大概睡过头了。"便不以为意。

哪知道第二天左边这座山的和尚还是没有下山挑水，第三天也一样。过了一个星期还是这样，直到过了一个月，右边那座山的和尚终于忍不住了，他心想："我的朋友可能生病了，我要过去拜访他，看看能帮上什么忙。"

于是他便爬上了左边这座山，去探望他的老朋友。

等他到了左边这座山的庙里，看到老友之后他大吃一惊，因为他的老友正在庙前打太极拳，一点儿也不像一个月没喝水的人。他很好奇地问："你已经一个月没有下山挑水了，难道你不喝水吗？"左边这座山的和尚说："来来来，我带你去看。"

于是他带着右边那座山的和尚走到庙的后院，指着一口井说："这五年来，我每天做完功课后都会抽空挖这口井，无论有多忙，能挖多少就算多少。如今我终于挖出井水，不用再下山挑水，有更多时间练我喜欢的太极拳了。"


这个例子中的两个人，就是非常明显的一个有梦想，一个没梦想。两个人都很勤奋，但结果却不一样：没有梦想的人，天天也很忙，但由于他没有方向，所以日子在浑浑噩噩中过去了；有梦想的人，他为梦想而忙碌，最终实现了梦想，是快乐的人生。美国文学家爱默生曾经说过一句很经典的话："一个人只要知道自己去哪里，全世界都会为他让路！"人生的道路充满坎坷，但只要知道自己该去哪里，我们总会在柳

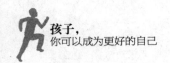
暗花明处，找到属于自己的成长的快乐。

永刚老师说

◎有梦想才能知道自己要往哪里走。

◎有梦想才能克服困难。

◎有梦想才能有所成就。

## 2. 你的梦想是要考一所好大学吗？

2018年高考结束后，一封《清华给落选者的信》在网上传播，下面几段话让我印象非常深刻：

"自主选拔只是通往清华的道路之一，与清华结缘永远都不会太晚。你身上的闪光之处我们都看在眼里，这使我们相信，你在此前的每一天都付出了异于常人的努力，拥有了引人注目的积累与收获。自主选拔的遗憾只是宣布你我暂别，并不代表你我无缘。只要你执着追梦，清华园的大门永远为你敞开。

"人生的路口有很多，无论自主选拔，还是高考，都只是其中一个。在我们备战高考时，我们也曾以为高考就是人生最重要的分岔路，它会决定一生；但当真正告别那段岁月后，我们发现，其实它只是人生的一个短暂阶段，它永远不能定义'我是谁''我能成为谁''我的人生会不会有价值'。

"未来的选择还有很多。曾经无悔地奋斗过，没有因为成就而冲昏头脑，没有因为挫败而一蹶不振，这就是这段岁月给我们最好的礼物。我们不愿刻意历历细数一路走过的艰难与荣光，因为梦想还有来日方长。清华传承的品质是自强不息，不要因为一次挫败，就给了自己不去优秀的理由。我们期待你整装待发，再次奔赴心中的芳华。"

考上一所好大学当然是每个人的梦想，但这是我们一生的梦想吗？梦想是一个需要一生努力实现的目标。如果梦想是十年后就实现的目标，那只能是一个小目标，不是梦想。很多人都把考上大学当成自己的梦想，结果就是要么上了大学后，不知道该干

问自己

◎你大学毕业后想做点什么？希望过什么样的生活？有具体的规划吗？

什么了，要么就是没考上理想大学，觉得一生都完了。现在很多大学生都处在人生的迷茫阶段，因为他们从小的梦想就是考上大学。这个梦想实现了，就不知该干点儿什么了。其实上了大学，人生才刚刚开始。所以梦想有多大，目标有多远，决定你能走多远。

周恩来在少年时期离开故乡江苏淮安，来到东关模范两等小学校读书。他读了许多进步书籍，如《警世钟》《猛回头》等，还订阅了《盛京时报》，养成了每天坚持读报、关心国家大事的习惯。他也懂得了国家兴亡、匹夫有责的道理。这一天，魏校长亲自为学生上修身课，主题是"立命"。当时正是中国社会发生剧烈变动的时期，校长讲"立命"，就是给

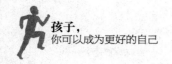

学生讲怎样立志。魏校长讲到精彩处突然停顿下来，问道："诸生为何读书哇？"当时，有人回答："为光耀门楣而读书。"还有人回答："为了明礼而读书。"而当时的周恩来却响亮地回答："为中华之崛起而读书！"魏校长赞叹道："有志者，当效周生啊！"

一句响亮的誓言，一个远大的志向，激励周恩来为之奋斗了一生。他为了民族的独立、国家的振兴鞠躬尽瘁，死而后已。

我在课堂上常和大家分享这样一个非常有意思的故事。

有个叫布罗迪的英国教师，在整理阁楼上的旧物时，发现了一叠练习册。它们是皮特金幼儿园B（2）班31个孩子的春季作文，题目叫《未来我是……》。

他本以为这些东西在德军空袭伦敦时被炸飞了，没想到它们竟安然地躺在自己家里，并且一躺就是50年。

布罗迪顺便翻了几本，很快被孩子们千奇百怪的自我设计迷住了。

比如有个叫彼得的小家伙说，未来的他是海军大臣，因为有一次他在海中游泳，喝了3000毫升海水都没被淹死；还有一个说自己将来必定是法国的总统，因为他能背出25个法国城市的名字，而同班的其他同学最多只能背出7个。

最让人称奇的是一个叫戴维的小盲童，他认为将来他必定是英国的一个内阁大臣，因为在英国还没有一个盲人能进入内阁。

总之31个孩子都在作文中描绘了自己的未来，有当驯狗师的，有当领航员的，有做王妃的，五花八门，应有尽有。

布罗迪读着这些作文，突然有一种冲动，何不把这些本子重新发到同学们手中，让他们看看现在的自己是否实现了50年前的梦想。

当地一家报纸得知这一消息后，为他发了一则启事。没几天书信向布罗迪飞来，它们中间有商人、学者及政府官员的来信，更多的是没有身份的人的来信。

他们都表示很想知道儿时的梦想，并且很想得到那个作文本。布罗迪按地址一一给他们寄去。

一年后，仅剩下一个作文本没人索要，他想这个叫戴维的人也许死了，毕竟50年了，50年间是什么事都会发生的。

就在布罗迪准备把这个本子送给一家私人收藏馆时，他收到内阁教育大臣布伦克特的一封信，信中说："那个叫戴维的是我，感谢你还为我们保存着儿时的梦想。不过我已经不需要那个本子了，因为从那时起我的梦想一直在我的脑子里，我没有一天放弃过。50年过去了，可以说我已经实现了那个梦想。今天我还想通过这封信告诉我其他的30位同学，只要不让年轻时的梦想随岁月飘逝，成功总有一天会出现在你的面前。"

这就是梦想的力量。可能有的同学讲，梦想谁没有，但能实现吗？首先要有梦想，才能再去想如何实现，如果连梦想都没有、都不敢想，那就更谈不上实现了。周恩来为中华之崛起这一理想奋斗一生，在这个过程中，他看到离自己的理想越来越近，每向梦想前进一步，他都会有强烈的幸福感。和没有目标、整天浑浑噩噩相比，你说哪样的人生更有意义呢？

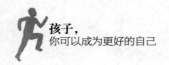

◎梦想是人生的灯塔，有了这个目标，你才能不迷失方向。

◎梦想是一个组合，它由你是谁和使你变得独特的那些东西构成。它是一个人的抱负和对未来的期望或愿景。梦想赋予我们人生以意义，指引我们做出正确的选择，帮助我们在面对障碍和困苦时坚忍不拔。

◎梦想没有好坏之分，它可以是你期待的任何事情。梦想代表的是你觉得充满意义和有成就感的东西。了解梦想是自我意识的一部分，当你自问梦想是什么时，你真正问的是："我想从生活中得到什么？"

◎最成功的人，往往是那些怀抱梦想起步的人。梦想是一种强烈的愿望，它让你坚守，并促使你在某一天将梦想变成现实。追求你的梦想，努力使自己满意，而不是取悦他人，这或许是你的当务之急。

# 3. 实现梦想，需要设计

有学生问我："刘老师，我有很多梦想，可都没实现，就放弃了。"这是很多年轻人要问的问题。拥有梦想简单，但实现梦想就不那么容易

问自己

◎你有实现梦想的具体步骤吗？最好列一个时间表。

了。第一需要坚持，用一生的努力去实现梦想；第二需要设计，要有步骤地实施计划。

在这里我和大家分享一个故事。

故事的主人公是休斯顿太空中心太空校实验室里的一名工作人员，他同时还在中心旁边的休斯顿大学主修电脑。学习、工作和睡眠几乎占据了他一天的全部时间，但是一旦有一分钟时间，他总是全身心地投入到他的音乐创作中。

写歌词不是他的专长，所以在这段日子里，他处处寻找一位善写歌词的搭档，希望能一起合作创作。他认识了一位朋友，她的名字叫凡内芮。就是她，在他事业起步时，给了他最大的鼓励。

年仅19岁的凡内芮在得克萨斯州的诗词比赛中，不知得过多少奖牌。她的诗词总是让他爱不释手。当时他们的确合写了许多很好的作品，一直到今天，他仍然认为这些作品充满了特色与创意。

一个星期六的早上，凡内芮又热情地邀请他到她家的牧场吃烧烤。她的家族是得克萨斯州有名的石油大亨，拥有庞大的牧场。她的家族虽然极为富有，但她的穿着、所开的车，与她谦和待人的态度，更让他打心底佩服她。凡内芮知道他对音乐的执着，然而，面对那遥远的音乐界及整个美国陌生的唱片市场，他们一点儿渠道都没有。此时，他们两个人正在得克萨斯州的乡下，他们哪知道下一步该如何走？突然间，她冒出一句话："想想你五年后在做什么？"

他愣了一下。

她转过身来，手指着他说："嘿，告诉我，你心目中最希望五年后

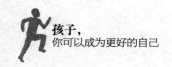
的你在做什么？你那个时候的生活是什么样子？"他还没来得及回答，她又抢着说："别急，你先仔细想想，完全想好了，确定后再说出来。"他沉思了几分钟，告诉她："第一，五年后，我希望能有一张唱片在市场上卖，而这张唱片很受欢迎，可以得到许多人的肯定。第二，我住在一个有很多音乐的地方，能天天与世界一流的乐师一起工作。"

凡内芮说："你确定了吗？"

他慢腾腾地回答说："是的。"

凡内芮接着说："好，既然你确定了，我们就把这个目标倒推回来。如果第五年，你有一张唱片在市场上卖，那么你第四年一定要跟一家唱片公司签约。"

"那么你第三年一定要有一个完整的作品，可以拿给很多唱片公司听，对不对？"

"那么你第二年，一定要有很棒的作品开始录音了。"

"那么你第一年，就一定要把你所有准备录音的作品编曲，准备好。"

"那么你第六个月，就要把那些没有完成的作品修改好，然后你自己可以逐一筛选。"

"那么你第一个月，就要把目前这几首曲子写完。"

"那么你第一个礼拜，就要先列出一个清单，排出哪些曲子需要修改，哪些需要完工。"

"好了；我们现在不就已经知道下个星期一要做什么了吗？"凡内芮笑笑说。

"噢，对了。你还说五年后，要生活在一个有很多音乐的地方，然后与许多一流的乐师一起忙着工作，对吗？"她急忙补充说，"如果，你第五年已经与这些人一起工作了，那么你第四年按道理应该有自己的一个工作室或录音室。那么你第三年，可以先跟这个圈子里的人一起工作。那么你第二年，应该不是住在得克萨斯州，而是住在纽约或者是洛杉矶了。"

次年，他就辞掉了令许多人羡慕的太空中心的工作，离开了休斯顿，搬到了洛杉矶。

说也奇怪，不敢说是恰好五年，但大约可以说是第六年——1983年，他的唱片在亚洲开始畅销起来，他一天24小时几乎全都忙着与一些顶尖的音乐高手在一起工作。

这个故事非常清晰地告诉我们如何一步一步地实现梦想。很多人有梦想，但缺乏设计，不知如何实现梦想，于是就放弃了。所以有梦想，如果不去实施，就变成了空想。一定要把如何实现梦想规划出来，然后坚定地走下去，不论遇到多大的困难都不放弃，最终一定会实现你的梦想。

**永刚老师说**

◎当你开始思考人生的时候，你不妨试着问一下，你是否很清楚地知道自己要的是什么？如果你连自己要的是什么都不知道的话，那么爱你的亲人如何帮你呢？你又岂能无端地怪亲人没有帮你开路呢？

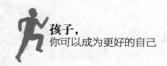
## 4. 你的梦想是以别人的标准制定的吗？

若父母愿意为你规划未来，那你的梦想就是父母为你描绘的，而不是你自己的梦想。

或者我们的梦想是受周围环境影响，变得和大家一模一样——要赚很多钱，要住个不错的房子，要买个好看的手机，要有个中意的朋友，要过个像样的人生。

生活是自己的，所以我们需要努力去实现我们的梦想。

> **问自己**
>
> ◎你自己的梦想是什么？
> ◎你父母对你的期望是什么？
> ◎两者差距是不可逾越的吗？

我们是不是曾经想开一个咖啡店或酒吧、开一家喜欢的书店、做一个背包客游走四方、去山区支教等等？想要经历一些特别的事情，去一些特别的地方，轰轰烈烈度过那几年？

也许有人说你梦想太大、不切实际，也许有人说你梦想太小、胸无大志，或许也有人对你的梦想不屑一顾。也许你想要的那些东西在他们眼里不值一提，在你心里却是最珍贵也是最重要的。我们的生命是有限的，青春非常短暂，不要去过别人的生活，因为你是你。我们不能选择何时降临在这个世界上，不能选择我们的父母是谁，也不能选择自己会出生在什么地方，会在一个什么样的环境里成长。但是我们可以选择成为一个什么样的人，过什么样的生活，我们可以决定什么才是生命中最重要的东西。也许这个世界，你身边的人不会在乎你的选择、你的决定，但是那是你自己的决定，最后你就会变成那样的人。

生活中总有一种人，很在乎别人对他的看法，完全以别人的评价为行事准则。别人说好，他就按人家的想法和意思去做；别人说不好，他就会后悔、恐慌、自责、情绪低落、轻言放弃。他时时为别人的看法担心、害怕、烦恼、痛苦，经常掩饰自己、迎合他人，不知道自己是谁。

挪威大剧作家易卜生有句名言："人的第一天职是什么？答案很简单，做自己。"是的，做人首先要做自己。要认清自己，把握自己的命运，实现自己的人生价值，只有这样，才真正算是自己的主人。

清华大学原副校长施一公曾经说："清华大学70%～80%的高考状元去哪儿了？去了经济管理学院。连我最好的学生、我最想培养的学生都告诉我说，'老师我想去金融公司'。不是说金融不能创新，但当这个国家所有的精英都想往金融上转的时候，我认为出了大问题。"

而在北京大学却发生过这样一件事。2014年，北京大学古生物专业薛逸凡以"一个人的毕业照"，让大学四年默默无闻的她在网络上爆红。

面对采访，薛逸凡不下百次地回答同一个问题："为什么会选择古生物这样一个生僻专业，有没有考虑过就业？"

"就是特别想学这个专业，我来元培学院不为别的，就是为了圆儿时喜爱古生物的梦。"薛逸凡对古生物的兴趣，简单又执拗。

她如今已经修完了美国卡耐基－梅隆大学的计算生物学硕士课程，目前在美国匹兹堡大学医学院攻读博士学位，毕业前途被看好。

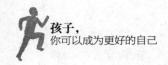
所以，我们应该思考一下，在做选择时，是应该跟风，还是遵从自己的内心？别人的梦想是我们的梦想吗？大家不顾自身的情况，一窝蜂做相同的选择，是不是有问题呢？

◎根据自己的情况，选择自己的路，才是幸福的人生。

# 5. 谁偷走了你的梦想？

每个时期我们都有过梦想：小时候我们想过要当科学家，读书了我们想考上理想的大学，上班了我们也想做出一番事业。但随着年龄的增长，很多人就忘记了自己的梦想，选择认命了，他们内心的声音是："唉，太糟了""我没那能力""我没那条件""我可以做一切尝试但有人比我做得更好"。其实我们是被别人偷走了梦想！

（1）父母偷走了你的梦想

小时候我们会有很多的梦想，要成为科学家、音乐家、体育明星等。可我们的父母总是提醒我们要脚踏实地，不要白日做梦。我们的父母只有一个梦想，就是让我们好好读书，将来考个好的大学，找个好的工作，平平安安地度过此生。所以，在我们的成长过程中，除了学习之外，一切梦想都会被父母看成是幼稚、不成熟的表现，他们会想方设法让我们按他们设定的路线去走，决不能信马由缰。就这样，我们儿时憧憬的一些梦想被父母的一片望子成龙之心给偷走了。

课堂上有一个同学给我讲了她中考的故事。她在镇上的一所中学上学，中考前成绩还不错，很有希望考取市里的重点高中。她特别希望能到市里去读高中，一方面见见世面，另一方面将来有希望考上重点大学。

中考填志愿时，父母执意让她填本校。因为学校答应只要填本校就可以免学费，况且到市里上学，花费会多一些。尽管后来的分数达到了市里重点中学的分数，可她却没有机会去那里上学了。

（2）朋友偷走了你的梦想

每个人都有自己的朋友圈，这些朋友中有看问题积极的也有消极的。我们中国有句老话：近朱者赤，近墨者黑。事实也是这样，积极的人像太阳，照到哪里哪里亮；消极的人像月亮，初一、十五不一样。常跟积极的人在一起，你也会努力上进；常跟消极的人在一起，你自然就会意志消沉。

也许有一天，你有一个很好的想法或创意，对你来说可能是改变一生的机会，于是你迫不及待地跟自己的朋友去讲述，结果他却说："不行，我看你干不成。"

你问他："为什么？"

他会说："我太了解你了，像这样的事就不是我们这号人干的，所以干也是白干，何必费那个神呢？"

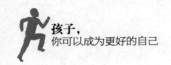
你说："这次我是下定决心了，非把它干成不可。"

他会说："醒醒吧，你要真能干成，我把脑袋割下来给你当球踢！"

回到家里你认真地一想：我们是从小一起长大的朋友，他对我非常了解，他都敢打赌说如果我干成了，他可以把脑袋割下来当球踢，看来我可能真的不行，那还是算了吧，别到时候碰得头破血流让人笑话。于是，你的梦想就这样被他偷走了。

假设剧情是这样呢？

你把想法告诉朋友，朋友说："算了吧，肯定干不成。"

你开始实施你的创意。两个月过去，一点起色没有，朋友又说了："你看，我早就告诉你不要做，你偏要做，失败了吧？"

半年过去了，事业终于有点儿起色，朋友说："半年了，就挣这点钱，太辛苦了，还是算了吧。"你依然坚持。以后的日子，你一直在为自己的梦想奔波，朋友依然在家看电视、玩游戏，做着哪天能挣大钱的梦。

看你整天忙碌，朋友说："等你成功了，我再去做。"

三年后，你的事业已经走上正轨，开着车去见朋友，朋友说："看来我看错了，你还真的挺厉害的。"朋友依然没有底气出来做点儿事，就这样，一起吃完饭，各走各的路了。

朋友的观点不是你做出决定的根据。能因为别人的话就否定自己吗？他的感觉是你的感觉吗？当你奋斗出成果时，他马上就会说你真棒，他看错了。当你享受成功的喜悦时，他依然在混日子，因为他没胆量去尝试。如果你把他自己没胆量去做事当作自己也不能做成功，那就真的和梦想失之交臂了。

（3）你自己偷走了自己的梦想

步入社会之前，我们每个人都会有自己的梦想，可步入社会之后我们会发现，梦想和现实之间还有很大的差距，这个距离是那么遥远，看起来遥不可及。虽然我们开始也会鼓起勇气努力去争取，但是当我们一次次地失败，我们的梦想就会被现实的铁锤无情地击碎。当然，人分两种：一种人愈挫愈勇，最终实现梦想走向成功；一种人日渐消沉，最终放弃梦想走向平庸。

有些人上学的时候给自己定的目标是要成为世界首富，但步入社会后发现要成为世界首富并不容易，就算成为单位首富也不是很容易的事，于是梦想就真的成了梦了。

我们会给自己找很多理由不去追求梦想：

认为自己不够优秀。一旦有这种想法时，你就要告诉自己：每人都有缺点，我可以做得更好，我知道我能做到。

问自己

◎你曾经因为父母反对而放弃梦想吗？

没有足够的时间。最近的一项研究表明，一般人每天花在社交媒体上的时间是1小时40分钟，而你仍然说你没有时间。人只有一次生命，为什么不去追逐梦想呢？

自己还没有准备好。你可能会说等过段时间再说，等万事俱备了再说，其实我只是希望你趁着有追逐梦想的激情时就开始行动起来。

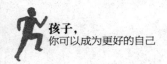

你有很多理由放弃理想，但你总有一天会想起自己曾经的理想，你会有遗憾吗？

永刚老师说

◎实现理想需要一生的奋斗，放弃理想只需一分钟。

◎成功的路并不拥挤，因为很多人都在观望、徘徊。

# Chapter 05

# 信念，
# 遇到任何困难决不轻言放弃

　　一个没有信念，或者不坚持信念的人，只能平庸地过一生；而一个坚持自己信念的人，永远也不会被困难击倒。因为信念的力量是惊人的，它可以改变恶劣的现状，形成令人难以置信的圆满结局。

# 1. 信念支撑你一直前行

说到信念，我想到了长征，它是信念创造奇迹的真实写照。

长征是人类历史上的伟大奇迹。据统计，中央红军共进行了380余次战斗，攻占700多座县城，红军牺牲了营以上干部多达430余人，平均年龄不到30岁，共击溃国民党军数百个团。其间共经过14个省，翻越18座大山，跨过24条大河，走过荒草地，翻过雪山，行程约二万五千里。红一方面军于1935年10月到达陕北，与陕北红军胜利会师。1936年10月，红二、四方面军到达甘肃会宁地区，同红一方面军会师。红军三大主力会师，标志着万里长征的胜利结束。

中国工农红军的长征是一部伟大的革命英雄主义史诗。它向全中国和全世界宣告，中国共产党及其领导的人民军队，是一支不可战胜的力量。红军长征，铸就了伟大的长征精神。长征精神，是中国共产党人和人民军队革命风范的生动反映，是中华民族自强不息的民族品格的集中展示，是以爱国主义为核心的民族精神的最高体现。长征精神为中国革命不断从胜利走向胜利提供了强大的精神动力。

我曾经在课堂上分享过这样一个故事。

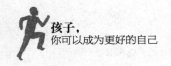
拿破仑率领近四万大军，在第二次反法同盟战争期间，为争取时间抄近道翻越险峻的阿尔卑斯山，进入意大利。拿破仑军队进入意大利后，给那里的奥地利军队出其不意的打击，最终获得马伦哥战役的胜利。但当初在穿越山口时，拿破仑也没有把握，他问工程师："如果通过这条路直接穿越过去，有没有可能？"这些工程师曾被派去探寻能够穿过险峻的阿尔卑斯山圣伯纳隘口的路。"可能行的，"他们吞吞吐吐地回答道，"还是存在一定的可能性的。""那就前进吧。"身材不高大的拿破仑坚定地说道，丝毫没有把工程师们刚才回话里的弦外之音听进去，他明白穿越那山口肯定是极其困难的。

此时奥地利人听到拿破仑想要跨过阿尔卑斯山的消息，都轻蔑地撇了撇嘴，报以无声的冷笑：那可是一个"从未有任何车轮碾过，也不可能有车轮从那儿碾过的地方"。更何况，拿破仑还率领着近四万军队，拉着笨重的大炮，带着成吨的炮弹和装备，还有大量的战备物资和弹药呢！

然而，一直认为胜利在望的奥地利人看到拿破仑的军队突然出现时，他们不禁目瞪口呆。拿破仑没有像其他先行者一样被高山吓住，没有从阿尔卑斯山上溃退下来。

信念把大家认为"不可能"的事情变成了现实。

有一个大家经常讲的故事。

有一年，一支英国探险队进入了撒哈拉沙漠的某个地区，在茫茫的沙海里负重跋涉。阳光下，漫天飞舞的风沙像炒红的铁砂一般，扑打着探险队员的面孔。口渴似炙，心急如焚——大家都没有水了。

这时，探险队长拿出一只水壶，说："这里还有一壶水，但穿越沙漠前，谁也不能喝。"一壶水，成了大家穿越沙漠的信念源泉，成了求生的寄托。这使队员们濒临绝望的脸上，又显露出坚定的神色。

终于，探险队顽强地走出了沙漠，挣脱了死神之手。大家喜极而泣，用颤抖的手拧开了那壶支撑他们精神的水——缓缓流出来的，是满满的一壶沙子！

有了信念，人们的精神就有了寄托，行动也有了意义，这样的生命体自会透出勇气和希望。一壶装满沙子的"水"成了人们唯一的希望，能喝到壶里的水成了他们最高的信念，于是他们存活了下来。

爱因斯坦找工作的故事也是信念力量的体现。

爱因斯坦从大学毕业后，在一年多的时间里都没有找到一份能供糊口的工作。想想自己已经成年，而年迈的父亲却还在为家人的生计而奔波劳累，爱因斯坦几乎绝望了！

爱因斯坦居然会找不到工作？这个事实让人震惊，但你一定更想知道，最终他是用什么方法求职成功的。

有一次，爱因斯坦无意中在一本杂志上看到一则介绍德国伟大化学家奥斯特瓦尔德的文章，文章中把奥斯特瓦尔德称为"科学伯乐"，因为他曾发现并培养了许多科学人才。爱因斯坦想到了向奥斯特瓦尔德自荐，于是他给奥斯特瓦尔德写了一封信，希望能在奥斯特瓦尔德身边谋得一份工作。但信寄出去后，过了好久都没有回音。爱因斯坦怀疑信件会不会在途中被邮局弄丢了，所以，他在几天后给奥斯特瓦尔德寄了第二封自荐信，

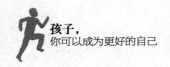
但与上一封信一样，同样是石沉大海，杳无音信！

"这究竟是怎么了？难道是地址有误吗？"爱因斯坦困惑极了，他再次详细地对照了奥斯特瓦尔德实验室的地址，发现自己并没有写错，"就算是地址有误，邮局也会把信件退回来。这究竟是怎么了？"

爱因斯坦心想，可能是奥斯特瓦尔德忙于工作，一时没空拆信而搁在哪个角落里忘记了吧！于是爱因斯坦给奥斯特瓦尔德写了第三封信，这次他用了一张明信片，他心想，这样奥斯特瓦尔德总应该可以直接读到这封信的内容了吧！

让爱因斯坦意想不到的是，这封明信片寄出去一个月后，依旧没有收到奥斯特瓦尔德的回信。

"奥斯特瓦尔德一定是太忙碌了！我必须为他节约更多的回信时间！"爱因斯坦心想。几天后，爱因斯坦又拿起笔写了第四封信。这次，他不仅再次采用明信片，而且还在明信片的反面，捎带上一个写着自己地址的回信信封！

爱因斯坦的父亲看见这情形，心疼地对他说："我看还是算了吧，不要再做这种无谓的努力了，

**问自己**

◎在对你"有帮助的信念"里挑出帮助最大的三个信念，问自己：
在生活中，它们是怎样帮助你的？
它们在怎样丰富你的人生？
它们对你有何种影响？

◎对你有妨碍的信念是什么？
在生活中，它们是怎样妨碍你的？这个信念有何可笑及荒谬之处？
它们在怎样妨碍你的人生？持有这种信念的人是否值得你学习？
它们对你有何种不利影响？如果你不丢弃这些信念，最终会付出什么样的代价？

可能奥斯特瓦尔德并不认为你是一个值得培养的人！"

"不，父亲！我的努力不一定会给我带来满意的结果，但如果不努力，就代表着绝对不会拥有满意的结果！"爱因斯坦说。

把回信用的信封都捎上的第四封信寄出去以后，爱因斯坦满怀信心地足足等了一个多月，但是很遗憾，他同样没有收到任何回信，更不用说奥斯特瓦尔德能为他送上什么鼓励了！

就这样过了大半年，爱因斯坦刚准备写第五封求职信。那天清晨，在没有任何心理准备的情况下，邮递员敲开了他家的门。爱因斯坦收到了一封来自瑞士伯尔尼专利局的来信，邀请爱因斯坦就职于一个专门审查各种新发明的技术职位，并且希望爱因斯坦能接受。

"奥斯特瓦尔德与瑞士伯尔尼专利局并无任何瓜葛，为什么写信给奥斯特瓦尔德，却收到了瑞士伯尔尼专利局的邀请？"爱因斯坦困惑了。

原来，在爱因斯坦寄出第一封信的前几天，奥斯特瓦尔德已经搬离了实验室，爱因斯坦寄去的所有信件，都被塞进了实验室外那只已成摆设的邮箱里！奥斯特瓦尔德在这个实验室工作的时候，有一位年轻的助手，他在奥斯特瓦尔德搬离实验室之后就去了瑞士伯尔尼专利局工作。有一次，这位年轻助手在途经昔日工作过的实验室门口时，无意地在那座空房子门口走了走，也正因此，爱因斯坦的所有信件才得以被发现。更加让人难以置信的是，奥斯特瓦尔德的那位年轻助手，就是爱因斯坦的大学同学和朋友——格罗斯曼！

对于爱因斯坦的才华，格罗斯曼是绝对了解的。凭着这些信件，他向自己所在的专利局推荐了爱因斯坦。恰好当时专利局设立了一个专门审查各种新发明的技术职位，于是专利局迅速向爱因斯坦发来了邀请函。就这

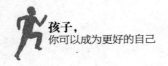
样，爱因斯坦终于凭着四封自荐信，成功摆脱了待业状态。

永刚老师说

◎信念不一定要很远大，只能挂在墙壁上做装饰品。信念往往是一个简单直接的目标，只需做到始终如一，它便成了力量的最高形式，无往不胜，愈挫愈勇。

◎相信自己可以成功的人是无敌无畏的，因为有这一信念的支撑，他可以焕发出征服整个世界的力量。很难想象一个没有信念的人，如何度过这一生漫长的时光。

## 2. 有必胜信念的人才能成为胜利者

在1954年之前，世界上从来没有人能在4分钟之内跑完一英里。可是有一个美国运动员班尼斯特却相信自己能做到，于是他每天早上对自己说上一百遍"我一定能在4分钟内跑完一英里，我一定能实现自己的梦想，我一定能成功"，然后开始一天的训练。虽然在开始的时候他面临一次次的失败，但他没有放弃，靠着坚定不移的信念支撑着自己。一年之后，在1954年，他以3分59秒4的成绩打破了这一世界纪录，他成功了。我们不禁要问：班尼斯特为什么能获得成功？那是因为他坚信自己能够成功。

有一部美国电影《肖申克的救赎》，相信很多人都看过。故事情节大致是这样的：

银行家安迪被指控枪杀了妻子及其情人，被判无期徒刑，这意味着他将在监狱中度过余生。

安迪第一步通过一个无所不能的囚犯搞到一把小的鹤嘴锄；第二步是搞到一幅影星丽塔·海华丝的巨幅海报贴在了牢房的墙上；第三步是利用自己精通财务制度方面的知识，帮助监狱长处理税务问题，甚至孩子的升学问题，逐渐成为监狱长洗黑钱的重要帮手。

在一个风雨交加的夜里，安迪越狱成功。

原来20年来，安迪每天都在用那把小鹤嘴锄挖洞，然后用海报将洞口遮住。安迪出狱后，领走了部分监狱长存的黑钱，并告发了监狱长贪污受贿的行为。监狱长在自己存小账本的保险柜里见到的是安迪留下的一本《圣经》，《圣经》里边还有个挖空的部分，用来藏挖洞的小鹤嘴锄。

问自己

◎你相信坚持信念，最终一定会达到目的吗？

这部电影传达给大家的就是信念的力量。电影描绘出的监狱是令人绝望的地狱，主人翁是无期徒刑，然而面对这样的处境，他能够怀着必胜的信念，一步步走出困境。这样一种信念的力量，打动了无数观众。

未来的路还很长，无论遇到多大的困难，要想想片中的主角，用必胜的信念来拒绝内心的绝望和沉沦。

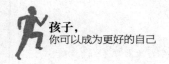
我在课堂上曾经和大家分享过这样一个真实的故事。

智利某地发生矿难，被困的33名矿工在700米深的井下表现出了奇迹般的意志力。他们在井下坚持了70多天，恐惧、担忧、温情，各种情绪接连上演，但是唯独没有悲伤。这33名矿工以他们的乐观、坚忍和团结，以及诙谐的人生观，给我们上了一堂坚持信念与希望的人性课。

这个故事让我非常震撼。你可以想象一下，被困于井下两个多月，他们度过了怎样难熬的时光。如果是普通人，在那种情况下，或许早已意志崩溃——看不到希望，没有阳光和水，等不到救援，找不到出口，甚至寸步难行。如果有片刻的万念俱灰，也许早就万劫不复。假如他们互相拆台，彼此殴打——在那种烦躁的情绪中，人是会发疯的，看谁都不顺眼——那他们恐怕坚持不了这么久。正是他们的团结与友谊，才增加了他们对抗艰难时的力量。

在任何困难面前，最先被打败的其实是心。当一个人看不到希望的时候，内心很容易就会放弃，但是，这33名矿工用他们本能的求生意志与坚定信念，让我们看到了身处绝境时的信念之光。这说明，只要坚持信念，任何时候，你都可以看到光明。因为你本身就闪烁着生命之光。

我认识一个女孩，在一家公司做秘书。她一直喜欢文学，想写作，可她的本职工作很忙，很少有时间来写。直到一年后，她还是在原来的岗位，做原来的事情。偶尔很忙，偶尔很闲，未完成的书稿也一直搁置在那里。

也许当她真正开始写作的时候，会发现写作并不是她想象的那么容易，一部书稿就能将她打败。因为她的确没有任何出版的经验，写书对她来说，难度太大了。也许她有借口不坚持写下去，因为有时候她确实很忙。不论什么原因，她还是在做一些早已经让自己厌倦，又没有前途的琐碎工作。

她没有勇气辞掉自己的工作，专心写作。在对本职工作没有热情的情况下，她又三天打鱼两天晒网，从事第二职业，并希望得到转行的机会。当她感到秘书工作虽然没有前途，但确实很轻松的时候，她又对写作失去信心，失去最初的斗志。

很难想象，她最终从一个秘书转行做一个作家是什么时候。或许三年、十年后，当她的热情都被琐碎的事务磨灭的时候，当她容颜老去，老板将她辞掉后，她会再次想到转行。

一个没有信念，或者不坚持信念的人，只能平庸地过一生；而一个坚持自己信念的人，永远也不会被困难击倒。因为信念的力量是惊人的，它可以改变不利的现状，形成令人难以置信的圆满结局。

信念是人身体中一种强大的创造性力量，它让你时刻都以最好的状态去克服困难，直到最终成功。鼓舞人心的从来都是信念，只要我们坚定信念，挫折感就一定能消失。正如2018年世界杯，顽强的意志和爱国的信念，让克罗地亚队最终坚持到了最后。他们虽然没有带走大力神杯，但却带走了球迷的心，所有的球迷都被他们的信念感染了。

如果你的事业有些不顺利，千万不要无限地放大这种失败，因为你会被自己的情绪打败。一旦你在心理上输了，你的人生也就宣告终结。

许多人在面对生活中的不顺利时，往往会想这回一定会失败，然后就会越来越怕困难，直到再也无法进行下去。但是，如果换一个角度思

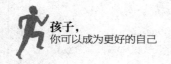
考问题，把"一切都在不断地成长"植入大脑，就会这样想：不顺利也是成长的必经之路，或许还会出现一个更好的机会。

如果人人都这样想，那么我们的人生中就没有真正的失败了。

永刚老师说

◎当一个人陷入某种困境或者绝境中时，保持怎样的心态，便成为他是否能走出困境的分水岭。生活中，我们总会看到那样一些人，他们遇到一点儿挫折就唉声叹气，好像世间所有的大门都关闭了，而他们居然没有一点儿出路。但是，我们也会遇到这样一些人，即使他们被紧闭在地牢里，他们也会用石块儿一点一点地挖出一个洞，直到看到阳光，找到希望。与前一种人相比，后一种人多的显然是坚定的信念与不屈不挠的精神。

# 3. 只要有信念，就可以忍受苦难

不知大家看没看过《钢铁是怎样炼成的》这本书，保尔·柯察金是用一生坚持自己信念的男人。他的一生太曲折、太坎坷，克服了无法想象的困难。他靠着自己坚定的信念，向我们展示出他辉煌而又不凡的人生。正如他所说："我在自己的一生里也曾经历过被遗弃和被背叛的痛苦。可是有一种东西却救了我，我的生活永远是有目的、有意义的，这就是为社会主义而奋斗。"

他是一个意志坚定的人，用一生兑现了他的每一个承诺、每一个信念。人，有时可以像蚂蚁般渺小，有时候却也可以像火焰般燃烧。燃烧，一直燃烧，直到生命的尽头，直到在生命中化为钢铁，无坚不摧。

不同的人，生命的意义自然不同，并不是说出身豪门的人便高常人一等，也不是说贫穷的人就一无是处。

像保尔一般顽强不屈，为了自己一生的信念去拼搏、去努力，这样的生命，是值得人尊敬的。而相反，坚守不了或是没有信念的生命是孱弱的、不堪一击的。

问自己

◎你觉得一定要上一所好大学的理想足以让你战胜眼下学习中的困难吗？

◎如果不能，你能树立另一个理想吗？

人生最害怕的，是没有信念、没有理想，或是不会实践。在生命面前，大家都是平等的，而区别在于如何执笔，画出生命最好的篇章，如何砍遍走在信念道路上的大片荆棘，勇敢地走下去。是的，有些人终究选择了放弃，迷失在生命的分岔口，失去了自我，失去了生活的意义。

而有些人，会选择勇敢地走下去，不管出现什么，始终相信自己，时刻寻找生命的意义。不说难，不说累，等到成功的时刻，你会发现一切努力都是值得的。

就像保尔，他努力了、奋斗了，他也做到了。他时刻提醒自己，为社会主义而奋斗、拼搏，这便是他生命的意义。年少时受尽凌辱、被叛军押走、脑部重伤、走向死神、全身瘫痪、双目失明等，他都没有说过什么，只是默默地挺过去。即使与死神擦肩而过，即使痛苦不堪，他仍

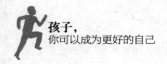
然没有放弃，仍然继续走自己选择的路。

迷茫的人们，不要惶恐，静下心想想，可以让你用一生去守护的信念，可以让你在任何时刻都保持坚定的信念。不要害怕辛苦，不要害怕难熬，只要你还活着，请为了这一个信念走下去，直到生命的尽头。

人的承受能力，其实远远超过我们的想象，就像不到关键时刻，我们很少能认识到自己的潜力有多大。

1990年，19岁的他提前结束大学生涯报名参军，成了一名伞兵。两年以后，在爱尔兰的一次排除炸弹行动中，他不小心引爆了炸弹。轰的一声巨响过后，他的肚皮被弹片撕开了，左手骨折，骨盆有多处粉碎，膝盖以下全烂了。看到自己的样子，他痛苦极了，恳求战友说："你枪毙了我吧！你不能让我这样活下去！我这个样子，活下去还有什么意义……"他的战友没有听他的，而是立即对他进行了救助。他很快被送入医院进行抢救，命虽保住了，但他双腿膝盖以下全部炸烂了，只好接受截肢手术。

那以后的四年中，他不断地接受各种手术，后来安装了假肢。命运对他是残酷的，但他没有被命运击倒。他花了一年多的时间来适应假肢，然后凭着顽强的毅力向自己发出了挑战。他开始参加各种活动，步行、跑步、登山和滑雪等。2000年，为帮助英国伤残士兵募集善款，他又干起了老本行——跳伞。虽然当时只有40秒，但他找回了跳伞的快感。"就是这种自由自在的感觉，在天上，我觉得自己是个健全人。"此后他每年要跳伞700次，2005年考取了跳伞教练资格证书，还娶了个同样爱好跳伞的老婆，他们的婚礼也是在空中举行的。早在2003年，他第一次参加比赛就拿到了冠军，"虽然比赛级别很低，但它使我知道自己是个有用的人，我能战胜任何对手"。在2010年1月初举行的英吉利海峡全英自由式跳伞比赛中，39岁的他战胜100多个健全人成功卫冕。他的名字叫阿利斯泰尔·霍奇森，一个从不幸中站起来重新征服天空的勇士。回想自己走过的路，他说："我得感谢我的战友，他不仅没听我的，反而帮助我包扎伤口，并不断地开导我，是他给了我第二次生命。否则，我就不能再享受跳伞的快乐了。"面对成功，他感慨万端地说："我想告诉那些不幸的人，截肢并不可怕，可怕的是失去活下去的勇气。只要信念不倒下，那么总有一天，你还会重新站起来的！"

无论身处何种残酷的境地，只要信念不倒下，只要拥有反败为胜的决心，就能凭借顽强的毅力穿越苦难的风雨，重新获得生命的壮丽与辉煌！

人总是在遭遇一次重创之后，才会幡然醒悟，重新认识自己的坚强和坚忍。所以，无论你正在遭遇什么磨难，都不要一味抱怨上苍不公平，甚至从此一蹶不振。人生没有过不去的坎儿，只有过不去的人。

 **永刚老师说**

◎只要你努力向前奔跑，生命总会开出灿烂之花。或许过程艰难，但是你一定要相信自己可以。

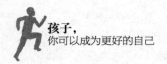

## 4. 坚持信念，不为眼前的得失而动摇

随着《哈利·波特》风靡全球，它的作者J.K.罗琳一度成了英国最富有的女人。但是她曾有一段穷困落魄的历史，而她的成功恰恰在于她坚持自己的信念。

罗琳从小就热爱英国文学，热爱写作和讲故事，而且她从来没有放弃过。大学时，她主修法语。大学毕业后，她在伦敦漂泊，靠打零工糊口。一次，她去曼彻斯特寻找大学时的男友，却未能找到，只好乘车返回伦敦。在火车上，她闷闷不乐。40分钟的路程，她一直望着窗外一成不变的英格兰乡村风景发呆、幻想。她是爱幻想的人。当她看到窗外那黑白花奶牛时，她想到有一列火车载着一个男孩去巫师寄宿学校的情景。突然，一个灵感一闪：一个小男孩在得到魔法学校邀请前，也不知道自己是个巫师。为此，她浮想联翩，兴奋异常。很可惜，那个晚上她没有带笔，也没有带纸。她很失望，只好闭上眼睛，把浮现在脑海中的每个想法和细节都记住。回到房间后，她迅速把在火车上想到的潦草地写在一个廉价的小本子上。很快，这样的小本子就装满了一鞋盒。这时，她大胆地决定，要写书，要写成7本书！虽然她还是个未出版过作品的"作家"。

她只身前往葡萄牙发展，随即和当地的一位记者坠入情网，并结婚。

无奈的是，这段婚姻来得快去得也快。婚后，丈夫的本来面目暴露无遗——殴打她，并不顾她的哀求将她赶出家门。

罗琳带着出生仅四个月的女儿杰西卡回到了英国，栖身于爱丁堡一间没有暖气的小公寓里。家庭和事业的失败并没有打消她写作的积极性，用她自己的话说："或许是为了完成多年的梦想，或许是为了排遣心中的不快，也或许是为了每晚能把自己编的故事讲给女儿听。"她成天不停地写呀写，妹妹对她的作品大为赞赏，这给了她很大的鼓舞。更令她稍感欣慰的是，她妹夫的公司在市中心收购了一家叫尼科尔森的咖啡馆，她便每天前往。她每天推着女儿出发，走半个小时的路来到市中心，前往咖啡馆，艰难地登上通往二楼的20个台阶，找一个安静的角落，在女儿熟睡的时候，专心写作。咖啡馆的员工见她一两个小时才喝一杯咖啡，都很同情她。也许是命运的某种指引，因为隔街有一条路名叫波特路，于是，她把小说的主人公定名为"哈利·波特"。就这样，在女儿的哭叫声中，她的第一本《哈利·波特》诞生了。这部作品创造了出版界的奇迹，一问世就引起了轰动。20年间，她的作品已经被翻译成73种语言，在全世界发行了超过5亿册，而且7本均被改编成电影在全球上映，部部卖座。

《哈利·波特》的品牌价值已超过250亿美元。她被英国女王伊丽莎白二世授予大英帝国勋章，美国《福布斯》杂志曾评选她进入世界百名富人排行榜。

问自己

◎如果自己最近连续几次考试的分数都不理想，老师觉得你没希望提高了，父母也已经失望了，你还依然相信自己一定可以考好吗？

罗琳成功了，她最爱说的话就是："人生就是受苦。"尼采说："受苦的人，没有悲观的权利。"是的，把痛苦当作一种营养，去浇灌

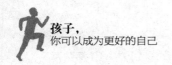
坚韧与执着，人生之树就一定会茁壮成长，枝繁叶茂，开花结果。

罗琳从来没有远离过自己的信念，并用她的智慧与执着赢得巨大的财富。即使她的生活艰难，她也坚信有一天，她必定会达到事业的尖峰。

每个人都希望有一天能飞黄腾达，都希望能登上人生之巅，享受随之而来的丰硕果实。遗憾的是，人们往往坚守不住自己的信念，总觉得放不下"眼前的苟且"，而没有坚持"诗和远方"。

司马迁，遵从父亲遗志，立志要写成一部能够"藏之名山，传之其人"的史书。就在他着手写这部史书的几年后，发生了李陵案，司马迁被处以极刑。

受刑之后，司马迁曾因屈辱和痛苦打算自杀，可想到自己的理想尚未实现，于是忍辱奋起，前后共历时18年，终于写成《史记》。这部伟大著作开创了我国纪传体通史的先河，史料丰富而翔实，历来受人们推崇。

试想如果司马迁就此消沉，没有坚持自己的信念，那么我们今天就不会看到《史记》这部伟大的著作了。

人们往往不是输在起跑线上，而是在中途就放弃了，所以能够坚守自己的信念、一直前行的人，才是能到达终点的人。

永刚老师说

◎生活中有很多不如意，如果能够坚持信念一直前行，终将到达终点。

# Chapter 06

# 目标，
# 是你人生之箭所指向的靶子

朝着目标不懈努力，矢志不渝，不在意别人的打击和嘲笑。只要自己有目标，有无比积极的人生态度，不放弃，肯用心，终究会走出困境。所有没有目标的人都要像有目标的人那样去奋斗。

# 1. 目标是引领人生的灯塔

哈佛大学有一个非常著名的"目标对人生影响"的跟踪调查。对象是一群智力、学历等条件差不多的年轻人。调查结果发现：3%的人有清晰且长期的目标；10%的人有清晰但比较短期的目标；60%的人目标模糊；27%的人没有目标。

25年的跟踪调查结果显示，被调查者的生活状况及分布现象十分有意思。

那些占3%、有清晰且长期目标者，25年来几乎都不曾更改过自己的人生目标。25年来他们都朝着同一方向不懈地努力，25年后，他们几乎都成了社会各界的成功人士，其中不乏白手创业者、行业领袖、社会精英。

那些占10%、有清晰短期目标者，大都生活在社会的中上层。他们的共同特点是，短期目标不断达成，生活水平稳步提升，是各行业不可缺少的专业人士。如医生、律师、工程师、高级主管等。

其中占60%的目标模糊者，几乎都生活在社会的中下层，他们能安

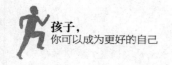

稳地生活与工作，但都没有什么特别的成绩。

剩下27%是25年来都没有目标的人群，他们几乎都生活在社会底层。他们的生活都过得不如意，常常失业，靠社会救济，并且常常抱怨他人，抱怨社会，抱怨世界。

制定目标的重要性：

目标使我们产生积极性；

目标可以让我们看清使命；

目标有助于我们安排事情的轻重缓急；

目标引导我们发挥潜能；

目标使我们有能力把握现在；

目标有助于评估事情的进展；

目标帮我们做到未雨绸缪。

能够看到自己未来的路，这是先知才可以做到的事。虽然我们做不了先知，可是我们可以为自己的未来做一个计划，这会让我们更有预见性。

问自己

◎给自己制定一个近期小目标，看看自己是否可以实现，感受一下实现目标的心情。

回忆一下最近一次外出活动的经历。如果没有带地图，要找到目的地该有多难？相当困难。你有可能找到目的地，但有可能在寻找的过程中浪费了很多时间和精力。事实正是这样。如果我们不清楚自己的目标，不了解我们要去的方向，就会在道路上徘徊、浪费时间，受其他人的意见左右。

为了更好地把握自己的人生，我建议大家把自己的目标或任务写下来。比如我的目标是：

期末考试成绩一定要达到90分以上；

上理想的大学；

学会帮助别人；

做个成功的企业家。

有了明确的目标，你就不会迷失方向。我在课堂上曾经分享过一个小故事。

1929年经济大萧条时期，希尔顿的生意受到严重影响。人们很少去旅行，更不会住进他在当时收购的那些旅馆。到了1931年，他的债主威胁要注销抵押权。他的洗衣店被典当，他甚至还被迫向门房借钱以糊口。在这潦倒之际，希尔顿偶然看到了沃尔多夫饭店的照片：6个厨房、200名厨师、500位服务生、2000间房间，还有附属私人医院与位于地下室旁的私人铁路。他将这张照片剪下来，并在上面写上"世界之最"。

希尔顿事后形容自己的1931年："那段迷失而混乱的日子真是连想都不敢想。"但那张沃尔多夫饭店的照片自此就保存在他的皮夹里，一直激励他努力奋斗。当他再度拥有自己的书桌后，他便将照片压在书桌的玻璃板下，不时看看它。在事业渐有起色而且买了新的大桌子后，他仍把那张珍贵的照片放在玻璃板下面。

18年后，1949年的10月，希尔顿买下了沃尔多夫饭店。

那张照片使得希尔顿的梦想有了雏形，让他有一个可以全力以赴的

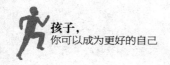
目标。那张照片就是目标，如同格利·布朗放在桌上的杂志一样，不断地激励他向自己的梦想迈进。

法布尔看到一队毛虫在树上排成长长的队伍前进，有一条带头，其他毛虫跟着，于是他把它们放在一个大花盆的边上，使它们首尾相接。毛虫围成一个圆形，然后像一支游行队伍一样一条接一条前进。法布尔在它们身边摆了食物，来观察它们的反应。出乎意料的是，这些毛虫似乎并没有厌倦这种无用的爬行，它们甚至无视食物的存在。出于本能，它们不断重复着这种没头没尾的行为，直到七天七夜后，饿死在了花盆边上。

你有没有觉得这些毛虫都很愚蠢呢？因为它们只知道卖力地干活，却没有结果，最后还送了性命。生活中很多人都像毛虫这样，他们遵循着传统和惯例，自以为在为成功奔波忙碌，实际上却离成功越来越远。

定了目标，就能很好地避免这种情况的发生，它会督促你定期去检查自己的工作。当你把关注的重点转移到工作成效上，那种单单用工作量填满一天的行为就变得不能接受。你的成绩取决于你的工作效率，你可以用较少的时间和较小的力气创造更大的价值。随着目标的实现，你需要学习怎样正确地付出，这会让你找到提高效率的好办法。更进一步的是，这会激发你去制定更高层次的目标，你也会更理智，更有可能实现自己的美好理想。

永刚老师说

◎制作长期、中期、短期计划表；

◎计划表应该简单明了；

◎目标要具体、可执行；

◎定期检查计划表；

◎计划表上的项目不能太多；

◎在项目旁注上完成日期。

## 2. 有了长远的目标，才不会因为暂时的挫折而沮丧

不要纠结于一时的成败，要放眼长远目标；不要纠结于批评还是赞美，而要专注于准确还是不准确；不要太在意他人的评价，要坚持自己的选择。要记住，过去的事情就让它过去，除了作为经验教训，不要再纠结于此。

相信大家都知道卧薪尝胆的故事。

吴王夫差率兵击败越国，越王勾践被押送到吴国做奴隶。勾践忍辱负重伺候吴王三年后，夫差才对他消除戒心并把他送回越国。

其实勾践并没有放弃复仇之心，他表面上对吴王服从，但暗中在操练兵马，等待时机反击吴国。勾践害怕自己会贪图眼前的安逸，消磨报仇雪耻的意志，所以他为自己安排了艰苦的生活环境。他晚上睡觉不用

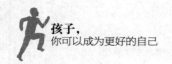
被褥，只铺些柴火（古时叫薪），又在屋里挂了一只苦胆。他不时会尝尝苦胆的味道，为的就是不忘过去的耻辱。在越人同心协力之下越国强大起来，最后找到时机一举灭吴。

如果勾践心中没有灭吴的远大目标，就不可能容忍吴王当时对他的侮辱。

一个伟大的成就总是会经历漫长的过程。当你以为你克服了困难，也许下一个困难便会在拐角出现。那么，不要懊恼，你应该清楚如果你一次性将障碍清除得一干二净，成功就不再会是一件有意义的事。所以，你为自己制定的目标也必须是长期性的。

不要埋怨总是有人阻碍你前进的脚步，实际上别人只会带来暂时的阻碍，真正阻碍你进步的人是你自己，因为除了你，没人真正关心你的成败。你要清楚这一点，别人可以使你暂时停止，而能否坚持做下去还是要靠你自己。当你有了一个长期的目标，你便不会被短期的挫折击倒。

梅西从小就喜欢足球，但10岁那年的一件事，却给了他很大的打击。当时他在纽维尔老男孩队参加足球训练。一天下午，他所在的球队和另外一个同年龄段的球队进行比赛。好几次，队友都把球传到了他的脚下，但

问自己

◎你的长远目标是什么？

由于过度紧张，他面对球门踢球时竟闭上了眼睛，这样造成的结果是球总是擦门而过。由于他多次错失良机，他的球队最后惨败。比赛结束，他痛

苦地闭上眼睛。在更衣室里，好多伙伴把手指放在嘴边，对他发出嘲笑的"嘘"声。他换下来的鞋子也被一个同伴拿走，往里面吐口水，然后得意地向其他小伙伴展示，并现场给他起了一个外号"臭鞋大王"。他难受极了，心想也许自己根本就不是踢球的材料，干脆放弃吧。

他低着头，心烦意乱，一个人孤单地走在回家的路上，忍不住哇哇大哭。这时他看到一只青蛙正好奇地看着眼泪汪汪的自己，他有些生气，恶作剧般地朝青蛙吐口水，但他发现，那只受辱的青蛙一直保持着一个姿势，仍鼓着一双圆眼看着自己，没有躲闪，没有逃离。

他有些疑惑，也有些失落，怏怏不乐地回到家里，把今天发生的一切都原原本本地告诉了父亲。父亲告诉他，一个人要想成功，就要像那只姿态昂扬的青蛙那样，正视不公，接受失败。那天晚上，他的心灵被震撼了，他内心的梦想开始复苏，他觉得那只受辱而不屈的青蛙就是自己最好的老师。他暗暗发誓："我也要在逆境中努力，进最好的球队，成为像马拉多纳那样的伟大球员，成为'世界足球先生'！"从那天起，他每天踢球8个小时以上，有条不紊地坚持学习和训练。教练的批评、队友的指责，他都能坦然面对，自信地昂起头，一步步地走自己的路，他的眼里只有一个目标：进球。

一年后，梅西遇到了人生的又一个坎儿。11岁的他被诊断出生长激素缺乏，而这会阻碍他骨骼的生长。家里的经济条件难以承担他的治疗费用，但乐观努力、积极向上、球技不断完善的他受到了巴塞罗那"球探"的青睐。2000年9月，年仅13岁、身高只有140厘米的他收到邀请，去巴塞罗那试训。试训场上的他，像那只执着的青蛙一样紧紧盯着目标。试训刚一结束，俱乐部负责人就毫不犹豫地给他在俱乐部注册，并安

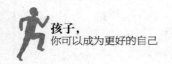
排他去最好的医院接受治疗。在当年参加的38场青少年比赛中，他一共踢入31个球。

世青赛（国际足联U-20世界杯）一向被认为是青年才俊展示自己的舞台。当第15届世青赛的大幕在荷兰乌德勒支缓缓落下时，身高只有169厘米的梅西，将一个巨人的背影留给了全世界。由于阿根廷队在小组赛中的糟糕表现，人们都以为这支队伍难以走得更远，然而梅西的出色表现挽救了全队。作为阿根廷队的灵魂人物，他从淘汰赛开始一直处于世青赛的舞台中心，最终率领阿根廷青年队获得世青赛冠军，他自己也获得世青赛的"最佳球员"称号。2005年年底，在意大利《全体育》报组织的"金童奖"的评选中，他更是以压倒性的优势击败鲁尼，当选2005年度的"欧洲最佳新秀"。

梅西被球迷亲切地称为"新马拉多纳"，他用近乎完美的球技践行着自己的誓言。2009年12月1日，梅西凭借2008~2009赛季带领巴塞罗那队取得西班牙足球甲级联赛、西班牙国王杯足球赛、欧洲冠军联赛三冠王的成绩，击败克·罗纳尔多（C罗），获得2009年"欧洲金球奖"。20天后，在苏黎世举行的第19届国际足联颁奖典礼上，梅西笑到了最后，获得2009年"世界足球先生"称号。捧着金灿灿的奖杯，他微笑着说："不要闭上眼睛踢球，要紧紧盯住自己的目标。只要努力，梦想就离你不远了。"

集中注意力，用尽所有的力量朝着目标不懈努力，矢志不渝；不要在意别人的打击和嘲笑，只要自己有目标，有无比积极的人生态度，不放弃，肯用心，终究会走出困境。这个世界会接纳你，梦想也会一步步成为现实。

道格拉斯·勒顿曾说过："你决定人生追求什么之后，你就做出了人生最重大的选择。若想如愿，首先要弄清你的愿望是什么。"当你选择了一个远大目标，你取得的也注定是辉煌的成就。

永刚老师说

◎远大的目标代表着伟大的梦想，目标能给你使命感和责任感。随着目标的实现，你会对成功有更深刻的理解。当你到了一定的高度，无论面对怎样的境遇，你都能保持拼搏精神，超越自我，发挥出潜能。

# 3. 如何分解目标？

山田本一是日本著名的马拉松运动员。他曾在1984年和1987年的国际马拉松比赛中，两次夺得世界冠军。记者问他凭什么取得如此惊人的成绩时，山田本一总是回答："凭智慧战胜对手！"

到底是什么"智慧"？10年后，这个谜底被揭开了。山田本一在自传中这样写道："每次比赛之前，我都要乘车把比赛的路线仔细地看一遍，并把沿途比较醒目的标识画下来，比如第一标识是银行，第二标识是一棵古怪的大树，第三标识是一座高楼……这样一直画到赛程的结束。比赛开始后，我就以百米的速度奋力地向第一个目标冲去，到达第一个目标后，

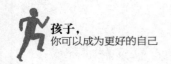

我又以同样的速度向第二个目标冲去。40多千米的赛程，被我分解成几个小目标一个一个地完成，跑起来就轻松多了。在此之前，我不懂这个道理，我把我的目标定在40千米外的终点线上，结果当我跑到十几千米的时候就疲惫不堪了，因为我被前面那段遥远的路吓倒了。"

这个故事告诉我们，要想实现大目标，必须学会制定小目标。实现人生的目标就像爬楼，如果我让你一步登上10楼，你一定说不行，但如果修好楼梯，你就可以一步一步地爬上去，每一级楼梯就是你的一个小目标。如何把大目标分解成小目标，是你要培养的能力。很多人都说人生的目标是挣很多钱，但怎样做才能挣到这么多钱呢？没有小目标，如何能实现大目标？所以学会制定小目标是非常重要的能力。

所谓的小目标，是根据自己现在的情况，给自己定一个实际的目标。不要太高，太高了高不可攀，很难实现，要么你容易放弃，要么努力后没有实现，会让你失去自信；可是也不要太低，太低会让你失去拼搏的斗志，或是很容易实现了就自满了。也就是说，这个目标对你来说应该是跳一跳，够得着。

在我的课堂上有这样一个女孩，她准备参加中考了，但她的成绩和她理想的学校有些差距。一模考试都已经结束了，时间不多了，她心里非常着急，找到我咨询。

我问她："你现在哪科考试成绩

问自己

◎尝试自己分解一个目标，体会一下一步一步实现目标的感觉。

不理想？"

她说："最不好的是数学和物理。"

我说："最不好的科目才有提分的空间，如果想从95分提到100分，需要付出的努力非常大，结果才提高5分；如果从70分提到85分，付出的努力并不比从95分提到100分多，但能够提高15分。所以，我们就从这里入手。"

她说："刘老师，我一直在做题，可就是没效果。"

我说："你现在不要盲目做题，已经会的题目再去反复做就是浪费时间，要在有限的时间里，把能拿到的分数拿到，这才是最重要的。你经常错的题是什么题？"

她说："我做立体几何的题总是错。"

我说："咱们这个星期就攻克这个堡垒。你把各区模拟考试卷子中立体几何的题都做一遍，把各种题型都搞明白，别的题先不做。你能做到吗？"

她抿着嘴点点头。

过了一周，她来找我，非常高兴地说："刘老师，我终于攻下立体几何这个堡垒了。这周考试，我的数学成绩提高了。"

我也非常高兴，和她说："就按老师说的方法，以此类推，堡垒逐个重点突破后，你就可以信心满满地走上考场了。"

她眼睛泛着光，点点头。

最后她终于如愿考上了理想的学校。

可见，目标的力量是巨大的。不过这个故事强调的是：在大目标下分出层次，最终分步实现大目标。设定正确的目标不难，但要实现目标

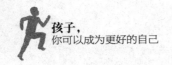
却不容易。如果目标太远大，我们会因为苦苦追求却无法实现而气馁。因此，将一个大目标科学地分解为若干小目标，落实到每天、每周具体的任务上，才是实现目标的最好方法。

目标又分成许多不同种类，如人生终极目标、长期目标、中期目标、短期目标、小目标。这些目标并非处于同一个位置上，它们的关系就像一座金字塔。如果你一步一步地实现各目标，成功注定容易获得；反之，你若想一步登天，那就相当困难了。

永刚老师说

以这个女孩为例，归纳一下分解目标的要点：

◎小目标是为了更好地实现大目标。有的同学之所以半途而废，并不是因为困难大，是战术上的问题导致了失败。如果你能像山田本一那样，把长距离分解成若干短距离，逐一跨越，你就会轻松许多，也会有成就感了。

◎小目标越具体，你越清楚该做什么。她想考上理想的高中是大目标，如果她仅仅知道分数的差距，把小目标定为每周提高多少分是不科学的，必须具体到攻克哪一科的哪一个知识点，这才是具体的小目标。

◎ 小目标一定是性价比高的。如果她把小目标定在已经很好的学科上，比如英语，她已经接近满分了，若要再提高5分，那她需要付出非常大的努力，还不一定能达到，即使达到了，也就5分。但她如果在数学上努力，从70分提高到85分，难度相对要小得多，提高的分值是15分，所以，在数学上下功夫性价比更高。

◎小目标一定是自己努力就能实现的。如果她把数学提分的重点放在最后一道最难的题上，那么她可能花费很大的工夫也不一定能保证全对，这就可能影响实现大目标了。所以，小目标一定是她经过一周努力能实现的，这才是最好的小目标。

◎小目标一定要科学分解。假设她总分需要提高30分，那么她就要把每一科都分析一下，看自己最容易提分的学科是哪科，具体到哪个知识点能提高多少分，把任务细化，这样具体的小目标设立好了，按计划努力就行了。

◎小目标要有所取舍。对于这个女孩来说，她的强项学科不要列入小目标，每个学科中掌握得非常好的知识点也不要列入小目标，每个学科中非常难的知识点也要舍弃，只考虑把掌握不好而又最容易攻克的知识点作为小目标。

## 4. 能否实现目标取决于你的愿望是否强烈

问问自己，这个目标我到底有多想要实现，我对它的期望值到底是多少，我的期望值是否足以让我走到成功的终点。

期望值50%，可要可不要，只有三分钟热度，一旦遇到困难就

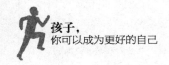
放弃；

期望值99%，非常想要，到最关键的时刻，你还有一丝退却的念头；

期望值100%，代表一定要，不惜一切代价，不达目的不罢休。

我朋友的一个老乡的孩子，是一个高考生，他的故事让我感受到愿望的力量有多大，同时他的学习方法也是很值得大家借鉴的。

这个孩子在高考前三个月的模拟考试中，成绩非常不好，连二本院校都没希望上。他爸看着模拟考试成绩，无奈地说："不用担心学习的事了，干脆去南方打工吧，好好干，没几年工资也能有四五千。"

他脑子嗡的一下，蒙了。他虽然学习不好，但是他并没有为未来想过，从来没想过就这样出去打工、不上大学了，当这个结果摆在眼前时，他失眠了。那个晚上他想了很多，下决心一定要考上大学。

有了这个念头，他仔细总结了自己的问题所在。他翻出之前做过的所有试卷，开始整理各科的漏洞。

他把往年的试卷都找出来，一套一套地做，先不做难题，把基础题都搞懂。一个月后的模拟考试，他的总成绩已经提高了100多分。

第二轮复习，他将重点放到稍难的题目上，但还是不做难题，把这次模拟考试的错误再梳理一遍。

一个月后的模拟考试，他的总成绩又提高了将近100分。这次的成绩已经可以上二本院校了。

问自己

◎你是否相信强烈的愿望有助于目标的实现？

他深深地体会到坚持不懈和制订计划的重要性，在最后一个月，他开始一边做各种模拟考试题，一边把这两个月的错题重新看一遍。

最后他终于如愿考上了一本院校。他非常感谢父亲，是父亲让他看到了他不想要的未来，让他有了朝自己目标奋力拼搏的动力。

这个例子我在课堂上和大家分享过很多次，每次我都会感动不已。人的潜力是无穷的，只要你的愿望足够强烈，目标就一定会实现。

 永刚老师说

◎如果你现在还认为努力不重要，自己就先按目前的状况描绘一下未来的生活。如果那种生活不是你想要的，那么你就要调整一下自己目前的状态了。

## 5. 时刻保持目标在正确轨道上

农夫早上起来，对妻子说要去耕地了。可是当他走到要耕的那片地时，发现耕地的机器需要加油了，农夫就准备去加油。可是刚想到机器加油，他就想起家里的四五头猪早上还没喂。这机器没油仅仅是不工作，猪要是不喂可就要饿瘦了。农夫决定回家先喂猪。当他经过仓库的时候，看到几个土豆，一下子想到自家土地的土豆可能要发芽了，应该去看看。农

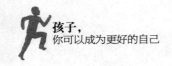

夫就朝土豆地走去，半路经过木柴堆，想起妻子提醒几次了，家里的木柴要用完了，需要抱一些木柴回去。当农夫走近木柴堆，他发现有只鸡躺在地上，他认出来这是自家的鸡，原来是脚受伤了……就这样，农夫一大早就出门了，直到太阳落山才回来，忙了一天，晕头转向。结果呢，猪也没喂，油也没加，最重要的是，地也没耕。

故事里的农夫，时间都用在了去完成另一个任务的路上，结果什么都没有做成。我们平时是不是也会有类似的情况？本来想上网查一个公式，结果看到一条新闻，然后就点了进去；看完新闻后，又发现微博似乎还没有看，又去看微博；看完微博，又发现还有一个电影没有下载，于是就开始找资源，下载电影。一上午过去了，而最开始要查的那个公式一直也没有查。很多时候我们知道坚持的重要，却在临时的干扰面前，忘记了最初的目标。所以，最重要的一个习惯，就是每天约束自己，耕完今天这片田。

"双11""618"购物节时，各大电商都有促销，你要买买买；现在有一款微信小程序"跳一跳"，大家都在比，你要玩玩玩；有一个电视剧好火，朋友们都在谈论，你要看看看……

我们确实需要买东西吗？需要超过朋友的游戏得分吗？需要参与讨论电视剧男女主角这个话题吗？我们的时间和空间是有限的，拥有太多的东西就像把一大堆藏书塞进一只小箱子里——是做不到的！你不但不能好好利用那些书，箱子还会被撑破。

我们需要限制要做的事情，否则这迟早会让我们疲惫不堪。

那么该如何进行自我限制呢？

分析自己的现状，如打开手机看一看每天自己花在微信上的时间是多少；

设定要达到的目标，可以从减少读微信10分钟开始；

不断调整现状，跟自己说处理完手头的事情后再统一回复微信，直到找到自己的节奏。

康德曾经说过："自律即自由。"真正的自由不是随心所欲，而是自我主宰。但不是每一个4点起床的球星都能成为科比，自律之外，我们还要抓住生活和工作的重点，专注于重要的事情。自己做的事哪些是最重要的？无论是当天做的事、本周做的事，还是日常生活中的琐碎小事，你都可以问问自己，哪些是最重要的。

认为打球最重要，就应从现在起多花时间提升球技；想成为学霸，就应从现在开始持续钻研各门课程；想成为作家，就应从现在开始持续写作。

你有没有过这样的经历：看书时想到家里的电费还没交、购买的写作课程还没有开始上、一个新的工作方案还没有写……

这时我们要怎么做呢？答案是立即把这些事情记录下来，然后继续看书。专注于"少"，能让你变得更高效；专注于"唯一目标"，才能顺利实现目标。

"股神"沃伦·巴菲特和微软创始人比尔·盖茨都把自己的成功归结于"专注"两个字。艾丽斯·施罗德曾在书中写道："巴菲特除了关注商业活动外，几乎对其他一切如艺术、文学、科学、旅行、建筑等全都充耳不闻，因此他能够专心致志追寻自己的激情。"

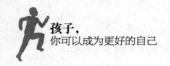
  乔布斯在斯坦福大学演讲时说："17岁的时候，我读到了一句话，'如果你把每一天都当作生命中最后一天去生活的话，总有一天你会如愿以偿'。这句话给我留下了深刻的印象。从那时开始，33年过去了，我每天早晨都会对着镜子问自己，'如果今天是我生命中的最后一天，我还会去做今天要做的事吗？'如果一连几天我的回答都是'不'，我知道自己应该有所改变了。'记住你即将死去'是我一生中遇到的最重要的箴言，它帮我指明了生命中重要的选择。因为几乎所有的事情，包括所有的荣誉、所有的骄傲、所有对难堪和失败的恐惧，这些在死亡面前都会消失。我看到的是留下的真正重要的东西。你有时候会思考你将会失去某些东西，'记住你即将死去'是我知道的避免这些想法的最好办法。你已经赤身裸体了，你没有理由不去跟随自己的心一起跳动。"

  这段话体现了乔布斯对自己时间的管理。乔布斯一直在做自己最想做的事，同时他也确实把自己喜欢的事做到了最好。

  我们没达成目标，原因基本有两个：目标不够清晰和没有做到自律。

  拖延症是我们每个人身上都存在的毛病。我们经常制定远大的计划，但当我们心烦意乱或者为其他事情忙得不可开交的时候，我们就会让这些计划"坐冷板凳"。

  如何克服这个毛病呢？大家试试下面这两种方法：

  （1）就每一件具体的事情，给自己定一个截止日期。如果不这样做，你很有可能会花比你实际需要多几倍的时间。

  （2）计划自己的时间。要把额外的任务、计划阅读、运动或者家人时间都考虑进去。当你没有空闲时，如果有必要的话就随身携带一个未完成任务的列表。我所说的空闲，指的是你的确无事可做，或者有些无聊了。如果你有空闲，不妨做些有计划的休闲活动，或者思考。如果你没有计划，尤其是面对有时间要求的工作，那你就很有可能超过截止日期，浪费时间了。当你确定每天都在同一个时间进餐时，你的身体就会提前释放一定的消化酶，这会极大地促进消化。

如果你受过训练，每天在一个特定的时间学习，你的头脑就会像激光一样聚焦于一点。

每当到你要参加体育运动时，你的身体就会增加能量。

一旦你每天的睡眠和起床时间有了规律，你就能很快入睡，同样也能醒得更早。

利用"问自己"中的问题来修正自己的日程表，将浪费时间的项目去掉，减少那些无谓的事情所占用的时间。你会注意到只要日复一日地进步，你就会感觉自己越来越棒。你的感觉不会说谎，因为那些反省的问题就是来帮你寻找真相的。当你以最佳状态学习时，你就会为自己的学习能力感到骄傲。

另外，我们可以按照重要和紧急的原则安排时间，即把我们要做的事情分出轻重缓急，进行如下排序：

A.重要且紧急（比如救火、抢险

问自己

◎我今天有尽可能多地完成一些任务吗？

◎有没有什么其他的事情需我去做呢？

◎我会为今天所做的某些事情感到羞愧吗？

◎我今天是否已经有效地利用了时间？

◎我能利用今天去影响明天吗？

◎有什么事我要绝对避免吗？

◎我明天会做什么令我感到更骄傲的事情吗？

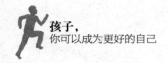

等）——必须立刻做。

B.紧急但不重要（比如有人因为打球而紧急约你、有人突然打电话请你吃饭等）——只有在优先考虑了重要的事情后，再来考虑这类事。人们常犯的错误是把"紧急"当成"优先"。其实，许多看似很紧急的事，拖一拖，甚至不办，也无关大局。

C.重要但不紧急（比如学习、做计划、与人谈心、体检等）——只要是没有迫在眉睫的事情，就应该当成紧急的事去做，而不是拖延。

D.既不紧急也不重要（比如娱乐、消遣等）——有闲工夫再说。

 永刚老师说

我们在做事前应按照以下原则去安排时间：

◎有计划地使用时间。不会计划的人，等于失败。

◎目标明确。目标要具体，具有可实现性。

◎将要做的事情根据优先程度分出先后顺序。80%的事情只需要20%的努力，而20%的事情是值得做的，应当享有优先权。因此要善于区分这20%的有价值的事情，然后根据价值大小分配时间。

◎将一天从早到晚要做的事情进行罗列。

◎要具有灵活性。一般来说，只将时间的50%计划好，其余的50%应当属于灵活时间，用来应对各种打扰和无法预期的事情。

◎遵循你的生物钟。你什么时候办事效率最佳？将优先办的事情放在最佳时间里。

◎做好的事情要比把事情做好更重要。做好的事情，是有效果；把事情做好仅仅是有效率。首先考虑效果，然后才考虑效率。

◎区分紧急事务与重要事务。紧急事务往往是短期性的，重要事务往往是长期性的。给所有罗列出来的事情定一个完成期限。

◎对所有没有意义的事情采用有意忽略的技巧。将罗列的事情中没有任何意义的事情删除。

◎不要想成为完美主义者。不要追求完美，而要追求办事效果。

◎巧妙地拖延。如果一件事情，你不想做，可以将这件事情细分为很小的部分，只做其中一个小的部分就可以了，或者对其中最主要的部分最多花费15分钟时间去做。

◎学会说"不"。一旦确定了哪些事情是重要的，对那些不重要的事情就应当说"不"。

◎奖赏自己。即使一个小小的成功，也应该庆祝一下。可以事先给自己许下一个奖赏诺言，事情成功之后一定要履行诺言。

# Chapter 07

# 自信，
# 助你走向成功

　　自信来自你在自己擅长的事情上不断地成功，所以，找到自己擅长的事，就找到了自信。有了自信，无论身处顺境，还是逆境，都可以微笑面对人生。

# 1. 自信能创造奇迹

我的课堂上有一个学生，马上要参加高考了。虽然他平时成绩很好，但模拟考试的成绩不好，这个学生心里就慌了。他说还有两个月就高考了，自己的模拟考试出现这么多问题，高考肯定考不好了。

我和他说："你平时成绩不错，说明你的学习能力很强，高考前暴露的问题越多，你解决的问题就越多，高考中出现错误的概率就越小，所以现在暴露问题是好事。你说呢？"

那个学生点点头，说："刘老师，您说的对，以后遇到错题，我就提醒自己，又为高考赢了一分。"

面对困难，调整心态，增加自信，结果就会不一样。

最后这个学生考上了理想的大学。

自信来自你不断地成功，你最擅长的事才是最容易做成的事，所以要"撒大网才能捕大鱼"。如果你不去尝试，又怎么能够知道自己喜欢什么、不喜欢什么呢？因此，在学生时代，一定要多参加学校的活动，多培养各种业余爱好，找到自己喜欢的或者是做得比别人好的事。

有的时候，一件很简单的事有可能会激发你的灵感和创造力。如果

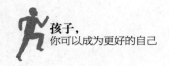

可能的话，你应该尽量多尝试几份工作；如果你真有勇气的话，可以着
手尝试自己创业，成为青少年企业家。

在学生时代不尝试，不经历失败，将来摔的跟头更大。

失败多了，自然就增长了经验。

我常给学生讲这个故事。

小泽征尔是世界著名的交响乐指挥家。在一次世界优秀指挥家大赛的
决赛中，他按照评委会给的乐谱指挥演奏，敏锐地发现了不和谐的声音。
起初，他以为是乐队演奏出了问题，就停下来重新演奏，但还是不对。他
觉得是乐谱有问题。这时，在场的作曲家和评委会的权威人士坚持说乐谱
绝对没有问题，是他错了。面对一大批音乐大师和权威人士，他思考再
三，最后斩钉截铁地大声说："不！一定是乐谱错了！"话音刚落，评委
席上的评委们立即站起来，报以热烈的掌声，祝贺他大赛夺魁。

原来，这是评委们精心设计的
"圈套"，以此来检验指挥家在发现
乐谱错误并遭到权威人士"否定"的
情况下，能否坚持自己的正确主张。
前两位参加决赛的指挥家虽然也发现
了错误，但终因随声附和、畏惧权威
而被淘汰。小泽征尔却因充满自信而摘得世界指挥家大赛的桂冠。

问自己

◎你是否曾经把一件擅
长的事做得非常好，赢得了
老师和同学的赞赏？

小泽征尔之所以这样自信，一定来自他对自己专业水平的自信，而
他的专业水平一定来自他多次的指挥经验，其中一定包括很多失败的经

验。没有这些经验的积累，他不可能有如此的自信。

　　加拿大前总理让·克雷蒂安，其貌不扬，说话口吃，而且因为疾病导致左脸局部麻痹、嘴角畸形、一只耳朵失聪，他的母亲为此陷入深深的痛苦之中："一个来到世界上没几年的孩子，就要忍受不幸命运的折磨，他以后怎么生活呀？"但她除了对孩子倍加爱护之外，还能做些什么呢？然而，也许这个孩子注定是个生活的强者，他比一般的孩子更快地走向成熟。他默默地忍受着别的孩子的嘲笑、讥讽，他自卑，但更有奋发图强的意志。当别的孩子在玩具中打发时间时，他则沉浸在书本中。在他读的书中有很大一部分是成人读物，他却读得津津有味，因为他从书中学到了坚强，学到了一种永不放弃的品质。为了矫正自己的口吃，他模仿古代一位有名的演说家，嘴里含着小石子讲话。看着嘴唇和舌头都被石子磨破的儿子，母亲心疼地流着眼泪说："不要练了，妈妈一辈子陪着你。"懂事的他替妈妈擦着眼泪说："妈妈，书上说，每一只漂亮的蝴蝶，都是自己冲破束缚它的茧之后才变成的，如果别人把茧剪开一道口子，由茧变成的蝴蝶是不美丽的。我要做一只美丽的蝴蝶。"

　　后来，克雷蒂安能流利地讲话了。因为他的勤奋和善良，中学毕业时，他不仅取得了优异的成绩，还获得了良好的人缘。他周围的人，没有谁会嘲笑他，有的只是对他的敬佩和尊重。这时，他母亲为他找到了一份不错的工作，她希望自己的儿子尽量顺利些。但他却对母亲说："妈妈，我要做一只美丽的蝴蝶。"

　　1993年10月，博学多才、颇有建树的克雷蒂安参加总理竞选，他的对手居心叵测地利用电视广告夸大他的脸部缺陷，然后写上这样的广告词：

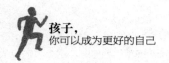
"你要这样的人来当你的总理吗？"但是，这种极不道德的、带有人格侮辱的攻击招致了大部分选民的愤怒和谴责。人们知道他的成长经历后，对他报以极大的同情和尊敬。克雷蒂安的竞选口号是："我要带领国家和人民成为一只美丽的蝴蝶"，这使他高票当选为总理，并在1997年的竞选中再次获胜，连任总理，人们亲切地称他为"蝴蝶总理"。

自信和坚持让克雷蒂安克服了自身的缺陷，成功地实现了自己的理想，所以自信在人的一生中非常重要，它使不可能变为可能。

在现实生活中，大部分失败者都是因为缺乏自信，遇到困难时首先想到的是"这太难了""我不可能做好"，没有经过努力就放弃了。而成功者都是想"我能行，我可以做到"，自信让他们突破障碍，想出办法，取得成功。

**永刚老师说**

建立自信，可以从以下五个方面开始行动：

◎主动和别人说话；

◎养成注视对方眼睛的习惯；

◎勇于当众发言；

◎积极参与社会交往；

◎接纳自己的缺点。

## 2. 自信能够让你忽略自身的弱点

我看过一个特别有意思的小故事。

有一位大学教授雇了一艘小船过江。

教授问船夫："你会数学吗？"

船夫回答："先生，我不会。"

教授又问船夫："你会物理吗？"

船夫回答："先生，我不会。"

教授又问船夫："那你会用电脑吗？"

船夫回答："对不起，我不会。"

这时，船遇到大浪，剧烈摇晃起来。

船夫问教授："先生，你会游泳吗？"

教授愣一愣答道："不会。"

船夫认为对自己来说，游泳比数学、物理更重要，不会数学、物理并不会影响他的自信。所以不是要学会别人的长处，而是要把自己的长处发挥到极致，这样才能成功。

每个人都有自己的长处。也许我们不够机灵、缺乏创意，但我们做事不计较；也许我们表达能力不好，但我们执着认真、实事求是。不能因为我们身上的不足就否定我们的长处，只要发挥长处，在一个能发挥

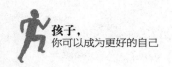
自己长处的岗位上，我们就可以做得比别人好。

我在课堂上分享过一个故事。

韦尔奇的个子不高，却从小酷爱体育运动。读小学的时候，他就报名参加了学校篮球队。当时，他的个头几乎只有其他队员的四分之三。然而，由于充满自信，韦尔奇对此始终都没有丝毫的觉察，以至几十年后，当他翻看自己青少年时代在球队与其他队友的合影时，才惊奇地发现自己几乎一直是整个球队中最为弱小的一个。

青少年时代在学校运动队的经历对韦尔奇的成长很重要。他认为自己的才能是在球场上训练出来的。他说："我们所经历的一切都会成为我们建立信心的基石。"

对韦尔奇来说，自信让他忽略了自己的身高。他在球场上体会到与队友为了共同赢得比赛而并肩作战、相互鼓励的积极进取精神；学会了如何与他人合作，并成为一个好的队友；

问自己

◎你是否可以让自己的特长发出耀眼的光芒，以至于让大家忽视你的缺点？

学会了如何面对失败和挫折。当他们去打比赛，在赛场上没有得到理想的得分时，却依然要更加努力地去拼抢。这些赛场上学到的东西影响了他一生。

你注意过学校开大会时，迟到的同学是什么表现？有的人会偷偷摸摸溜进来，生怕引起大家的注意，因为他不自信，感觉大家都在看他，其实是他把自己想得太重要了，别人没有那么关注他；也有的人昂首挺胸地走进来，他们根本不管别人怎么看自己，径直走到自己的位置，全程目光坚定。他为什么可以那么淡定呢？他相信自己的形象不差，同时也能正确看待别人的目光，做好自己的事情就好。

所以自信是一个正确看待自己和他人的结果，坦然面对自己的缺点和别人的优点，知道每个人都有优点和缺点。不必太在意自己的缺点，认识到这点你一定会自信起来。

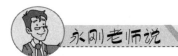

◎自信是一种力量，无论身处顺境，还是逆境，都应该微笑地、平静地面对人生。有了自信，生活便有了希望。"天生我材必有用"，哪怕命运之神一次次捉弄我们，只要自信，自强不息，积极向上，成功迟早会属于我们。当然，自信也要有分寸，否则，过分自信就会变成狂妄自大、目中无人，必然会导致失败。

## 3. 自卑心理是否一直困扰你？

自卑的人容易放大自己的缺点和不足，其实每个人都有优点，也有缺点。如果你把自己的注意力聚焦在自己的缺点和不足上面，就会觉得自己什么都不如别人，同样，你身边的人，他们也有缺点和优点，千万不要拿自己的缺点和别人的优点去比较，这样只会让你更自卑。自卑是

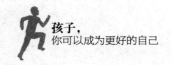

低估自己的能力，觉得自己各方面不如人。自卑可以说是一种性格上的缺陷，表现为对自己的能力、品质评价过低，同时还伴有一些特殊的情绪体现，诸如害羞、不安、内疚、忧郁、失望等。

自卑的前提是自尊，当人的自尊需要得不到满足，又不能恰如其分、实事求是地分析自己时，就容易产生自卑心理。一个人形成自卑心理后，往往表现为从怀疑自己的能力到不能表现自己的能力，从怯于与人交往到自我封闭。本来经过努力可以达到的目标，也会认为"我不行"而放弃追求。他们看不到人生的光华和希望，领略不到生活的乐趣，也不敢去憧憬那美好的明天。

自卑是一种自我否认，是对自己没有信心、也对自己不认同的心理表现。具体表现在以下三个方面。

（1）敏感

过分敏感，自尊心强。弱势群体非常希望得到别人的重视，唯恐被人忽略。他们过分看重别人对自己的评价，任何负面的评价都会导致内心激烈的冲突，甚至扭曲别人的评价。比如，别人真诚地夸他，他会认为是挖苦。跟他们交往时，必须小心谨慎，别人不经意的一句话，都会在其内心引起波澜。

（2）失衡

由于种种原因造成的弱势地位，他们在社会的方方面面都体验不到自身价值，甚至还会遭到强势群体的厌弃。自我价值感是一个人安身立命的根本，丧失自我价值体验会使他们心态失衡，陷入恶性的心理体验之中，走不出阴影，很难摆脱现实的困境。别人欺负他，即使内心不服气，他也自认为是正常的，非常认同自己的弱势身份。这种强烈的自卑心理极易导致自杀行为。

（3）情绪化

他们表面上好像逆来顺受，然而过分压抑恰恰积聚了随时会爆发的能量。由于他们缺少应对能力，失业、离异、患病等很容易给他们带来心理压力。当受到不公正的待遇时，往往认为别人瞧不起自己，难以忍受，产生过激言行，比如有些人受人欺负后，会因此自杀。他们经常为了一点儿小事大动干戈，拳脚相向。当他们无力应对危机时，还会自残，用这种极端的方式宣泄自己的情绪。

每个人都是独一无二的，每个生命体都会通过父母遗传获得天赋和短板。要想自信就需要客观看待自己和他人，学会接纳自己的不足，学会充分发挥自己的优点。人生需要扬长避短，千万不要因自己的短板唉声叹气、怨天尤人、自卑自怜。重要的不是天赋和短板本身，而是我们如何看待自己的天赋和短板。智者不会去刻意掩饰自己的短板，他们会坦然面对并接纳自己的短板；他们会把注意力聚焦在自己的天赋上，将自己的潜能发挥出来，创造价值，造福人类。

一个自卑的人要变得自信，外在的鼓励非常重要。做好力所能及的小事，成功都是由小事累积而来的。

尼克松是我们熟悉的美国总统，但就是这样一个大人物，却因为一个缺乏自信的错误而毁掉了自己的政治前程。1972年，尼克松竞选连任。由于他在第一任期内政绩斐然，所以大多数政治评论家都预测尼克松将以绝对优势获得胜利。然而，尼克松本人却很不自信，他走不出过去几次失败的心理阴影，极度担心再次失败。在这种潜意识的驱使下，他鬼使神差

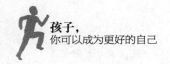
地干了后悔终生的蠢事。他指派手下的人潜入竞选对手总部所在的水门饭店，在对手的办公室里安装了窃听器。事发之后，他又连连阻止调查，推卸责任，在选举胜利后不久便被迫辞职。本来稳操胜券的尼克松，因缺乏自信而导致惨败。

由此看来，自卑其实就是自己和自己过不去。为什么老要和自己过不去呢？你不觉得自己身上也有许多可爱的、令人骄傲的地方吗？也许你不漂亮，但是你很聪明；也许你不够聪明，但是你很善良。人有一万个理由自卑，也有一万个理由自信！丑小鸭变成白天鹅的秘密，就在于它勇敢地挺起了胸膛，骄傲地扇动了翅膀。从你的生活中赶走自卑，用自信鼓舞自己做好一两件事，并以此作为成功的契机。

自卑除了消磨一个人的雄心、意志，使人自暴自弃、悲观泄气之外，恐怕不会有什么好作用。年轻人的生活和学业都刚刚起步，征途还漫长着呢。即便起步时迟缓了一些，或走了点儿弯路，成绩一时不如人，也远不足以决定一个人的一生。

好比一个优秀的长跑运动员，起跑时比别人慢了一些，并不要紧，只要他铆足劲儿，加加油，照样可以赶上、超过前面的人，甚至可能拿金牌。当然，看到许多同龄人比自己强，会因此感到惭愧，此时冷静地反思一下造成自己落后的原因是必要的。

导致你自卑的原因：

（1）父母或老师经常打击你、否定你。父母或老师可能由于情绪激动会说一些过激的言论，没有考虑你的感受，造成你自尊心受伤。

（2）你看到比自己强的同龄人，就感觉自己技不如人。看到比自己学习好的人你可能会感到自卑；看到比自己球打得好的人你可能自卑；看到琴弹得好的人你可能自卑。这些都是我们拿自己的弱点与别人的优点比较的结果。

（3）不能接受自己的弱点。自己身上的某个弱点让你无法面对，比如长得胖、跑步太慢、唱歌不好听等，这些都是不能坦然面对自己弱点的表现。

（4）自我认识不足。每个人总是以他人为镜来认识自己。如果他人对自己的评价过低，特别是较有权威的人的评价，就会影响自我认识，从而过低评价自己，产生自卑心理。对自我形象不认同，觉得自己长得不好，或者是怀疑自己的能力，进入理想的学校后自己的优越感降低甚至没有了，于是产生了极强的失落感、自卑感。每个人都会在某个方面产生自卑感。

（5）家庭经济因素。部分学生由于出身贫寒，生活困难，与别的同学相比，觉得自己条件实在太差，产生自卑心理。这几年，由这方面引起自卑的大学生人数有增加的趋势。

（6）社会文化因素。每个人都处在特定的社会文化环境中，文化对自卑心理影响很大。根据美国心理学家米德等人的研究，居住在新几内亚湖泊地带的张布里族，男女角色差异明显，女性是社会的主体，她们每天劳动，掌握经济实权。男性处于从属地位，主要从事工艺与祭祀活动并承担孩子的养育责任。这种分工使该地区的男性有明显的自卑倾向。

（7）与成长经历有关。人的一生不能说漫长，也不能说太短暂，但真正对人产生深刻影响的关键时期就那么几个，其中童年经历的影响尤深。心理学研究已证实，不少心理问题都可在早期生活中找到症结，自

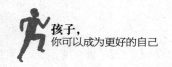
卑作为一种消极的心态也不例外。

（8）个人性格特点。气质抑郁、性格内向者大都对事物的感受性强，对事物带来的消极后果有放大趋向，而且不容易将其消极体验及时宣泄和排解。因而外界因素对他们心理的影响往往要比对其他气质、性格类型者的影响大，产生自卑的可能性也相应增加。

自制力强的学生在上进心、自尊心受到压抑时，不是变得自卑，而是激起更强的自尊。他们会及时调整自己的行动，以更大的干劲冲破压抑，努力拼出一条成功之路来。而有自卑心理的学生正好相反，在经过一番努力后尚无收效，便会泄气，认为自己不行，于是变得自卑起来，甚至会对社会产生恐惧感，无法正常接触社会上的人。

实际上自卑的人容易放大自己的弱点和不足，不能正确评价自己，也不能认识到每个人都有优点，当然也都有缺点。

如果你把自己的注意力聚焦在缺点和不足上面，就会觉得自己什么都不如别人。千万不要拿自己的缺点和别人的优点去比较，这样只会让你更自卑。事实上，你身边的人也有缺点。客观看待自己和他人，接纳自己的不足，学会发现和发展自己的优点，做与自己优点相匹配的事情，假以时日，你会发现自己越来越自信。要自信还需要客观看待他人的评价。他人的评价如果正确，我们就虚心接受，如果不正确，我们可以不用太在意，做真实的自己就好。

有自卑心理的人常常在性格上表现出不当之处，如不与人交往、敏感多疑等，为此我们不妨进行一下成功性格的训练。

具体做法如下：

第一，你随意找四个熟人，问他们对你的印象如何。确定你是否喜欢他们的回答，判断你为什么喜欢或不喜欢留给别人那种印象。

第二，想象一下，如果你是一名演员的话，你愿意扮演什么角色，以及你为什么喜欢这个角色。

第三，选择任意一个你所崇拜的人，列出他身上那些使你崇拜的特征和品质。

第四，把第二和第三综合为你自己所选择的性格。

第五，改变你不喜欢的形象、行为、个性，强化你所喜欢的东西。

第六，去表现你的新个性。

要提醒你的是，不要指望很快便能改变自己的性格，这必须以自己性格的内核为基础。

生活中每个人的生活方式都不同，也就造就了不同的性格。自卑在很多时候阻碍着我们进步，使我们不能正确地表现自己。

首先我们应该有正确的认识——再优秀的人也会自卑。自卑真正的心理功能是掩饰人类对外部世界不可知的恐惧，而每一个人都有对未知的恐惧。一定的自卑并不是坏事，自卑是你成长的最好方式，也是你获得成功

问自己

◎你最自卑的事是什么？
◎你是如何看待这件事的？

的强大武器。个体心理学创始人阿尔弗雷德·阿德勒写了一本书叫《超越自卑》，里面讲道："人的一切行为动力均源于超越自卑的需要，是自卑感推动了人的进步。"

对"负面自我"的不接纳是形成自卑的根本，其他的原因都是在这个前提下令自卑更明显、更强烈了而已。所以完全"接纳自我"是消除

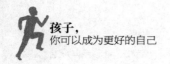
自卑的关键。

大多数人会因为自卑而痛苦，他们无法接受自己是自卑的这个事实，他们很在乎自己的"自卑"。而你越想摆脱自卑，你就会越去关注自卑，就越会用现实的一些事实去印证，反而更无法摆脱。如果你不再在意自卑，那么自卑就会离我们而去。

不愿接纳自己，通常有两个原因：一是因为我们总想逃避痛苦，二是因为我们总是想做"对"的事。没有人愿意接受痛苦，但是不经历风雨就看不到彩虹。生活中所有的事都是相对的。当你没有达到那个"对"的标准时，就会产生失落感，以后再做就会感到自卑。所以不是要去做"对"的事情，而是要做自己能"做对"的事情。

要记住，接纳负面的自我是解决自卑问题的根本。应该去思考"即使自卑那又怎么样？"真正接纳自己以后，你就有自信了，就会更坦然地去做你想做的事，实现你美好的理想。

树立必胜的信念，没有更多的诀窍，关键在于我们自己有没有决心去行动，去获取成功的经验。

**永刚老师说**

克服自卑的方法：

◎正确认识自己，提高自我评价。自卑的人往往注重接受别人对他的较低评价，而不愿接受别人的较高评价。在与他人比较时，也多半喜欢拿自己的短处与他人的长处相比，越比越觉得自己不如

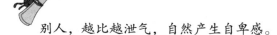

别人，越比越泄气，自然产生自卑感。

因此，有自卑心理的人，首先要正确认识自己，提高自我评价。要经常回忆自己的长处和自己经过努力做成功了的事，要善于发现自己的优点，肯定自己，以此激发自己的信心，不要因为某些缺点的存在而把自己看得一无是处。不能因为一次失败而以偏概全，认为自己什么都干不了。

通过全面、客观的认识，辩证地看待别人和自己。自卑者往往有很强的自尊心和抱负，自我评价高。当在学习生活中，由于自己方法不当，或缺乏处世能力而陷入困境时，自尊心受到损害，优越感严重失落，就会从一自尊自信者走向另一个极端，变成一个完全失去自信的人。

常言道："金无足赤，人无完人。"我们应该坦然地接受自己的优点，但也不忌讳自己的缺点，这样就能正确地与人比较。在看到自己不如人之处时，也能看到自己如人之处或过人之处。伟人之所以难以企及，是因为你跪着看的缘故。

其实，最重要的比较是自己跟自己比。每个人应根据自己的兴趣、爱好、能力、特点等来寻找自己的事业和人生道路，为此发奋努力，不断进步，最后实现人生的价值。这样的人生才是积极的、有意义的人生。

◎善于自我满足，消除自卑心理。自卑的人一般都比较敏感脆弱，经不起挫折打击。一旦遭受挫折，就很容易意志消沉，加深自

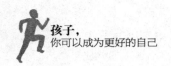
卑感。因此，凡事应不怀奢望，要善于自我满足，知足常乐。无论生活、工作或学习，目标都不要定得过高，这样就容易达到，避免挫折的发生。自卑感往往是在表现自己的过程中，由于受到挫折，对自己的能力发生怀疑而产生的。有此心理的同学，不妨多做一些力所能及、把握较大的事情，一举成功后便会有一份喜悦，每一次成功都是对自信心的强化。而自信心的恢复需要有一个过程，切不可着急。应从一连串小小的成功开始，通过不断的成功来表现自己和确立自信，消除对自己能力的怀疑。表现自己时，期望值不要过高，不要操之过急，要循序渐进地提高自己的能力，逐步用自信心取代自卑感。

有自卑感的人多性格内向、敏感多疑，因此还得从改变自己的性格入手。有自卑感的大学生应多参加集体活动，在活动中培养自己坚韧、果断、进取等优秀品质，找到自信，以逐步克服自卑心理。

必须明白，努力的目的是完成自己的既定目标，而不是为了打败别人。每次取得成功经验，都是对自己的一种激励，是十分有利于恢复自信心的。

◎坦然面对挫折，加强心理平衡。自卑的人心理防御机制多数是不健全的，自我评价多数比较低。因此，遭受挫折与失败的时候，不怨天尤人，也不轻视自我，要客观地分析环境与自身条件，这样心理才能平衡，才可以发现人生处处是机会。

通过努力奋斗，以某方面的成就来弥补自身的缺陷。生理上的补偿，如盲人尤明、聋者尤聪，这是大家常见的。其实，人还有心理上、才能上的补偿能力。勤能补拙、扬长补短，可以说是心理上、才能上的补偿。华罗庚说："勤能补拙是良训，一分辛苦一分才。"记住，只要功夫深，一定能赶上他人。

亚历山大、拿破仑，他们身材矮小，这是他们的短处，但他们并不自卑，而能看到自己的长处并立志在军事上有所成就，经过不断努力，最终他们都成功了。所以说，人的某些缺陷和不足，不是绝对不能改变的，而要看自己愿不愿意改变。只要找到正确的方向，就能克服自身的缺陷或者从另一方面得到补偿。

◎扩大社会交往，增强生活勇气。自卑的人多数比较孤僻、内向，不合群，常把自己孤立起来，少与周围人交往。由于缺少心理沟通，他们容易走向极端。自卑者如能多参与社会交往，可以感受他人的喜、怒、哀、乐，丰富生活体验；通过交往，可以抒发被压抑的情感，增强生活勇气，走出自卑的泥潭；通过交往，可以增进相互间的友谊、情感，使自己变得开朗，找回自信。

◎主动求助于心理咨询老师，进行心理咨询和心理分析治疗。要点是在心理老师的帮助下，通过自由联想和对早期经历的回忆，找出导致自卑的深层原因。经过心理分析，求助者可以领悟到，一个人之所以有自卑感，并不是自己的实际情况很糟，而是潜藏于意识深处的症结使然。

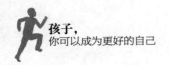

　　显然，自卑者会逐渐发现被过去的阴影影响是没有道理的，从而有豁然开朗之感，最终从自卑中解脱出来。

　　◎通过积极的自我暗示、自我鼓励，进行自我救助。人的自我评价实际上就是人对自我的一种暗示作用，它与人的行为之间有很大的关系。消极的自我暗示导致消极的行为，而积极的暗示则带来积极的行动。每个人的智力相差都不是太大，我们在做事的时候，就应不断地给自己暗示：别人能做好的我也一定能做好。

　　始终坚信"我能行""我也能够做好"。成功了，自信心得到加强；失败了，我们也不应气馁。不妨告诉自己："胜败乃兵家常事，慢慢来，我会想出办法的。"

　　◎客观全面地看待事物。具有自卑心理的人，总是看重自己消极的一面，而看不到积极的一面，缺乏客观全面地分析事物的能力和信心。这就要求我们努力提高自己透过现象认识本质的能力，客观地分析对自己有利和不利的因素，尤其要看到自己的长处和潜力，而不是空自嗟叹、妄自菲薄。

　　积极弥补自身的不足。有自卑心理的人大都比较敏感，容易接受外界的消极暗示，从而陷入自卑中不能自拔。而如果能正确对待自身缺点，把压力变为动力，奋发向上，就会取得一定的成绩，从而增强自信，摆脱自卑。

## 4. 人的信心来自外在世界的肯定和内在世界的认可

我的一个学员曾经和我讲过一个他自己的故事。

上中学时我体育比较好，文化课从来都没有得过高分，觉得自己就不是学习的料。我的理想是做一名律师，可我这分数绝对不行。有一天，我上网的时候看到屏幕上弹出一个智商测试游戏，我就试了一下，结果让我大吃一惊：我的得分是140。我简直不敢相信自己的眼睛。电脑上列举了我能够胜任的一连串工作选项，其中就有律师这一项。从那以后，我对自己的看法就完全改变了。这个学期末，我的成绩除了有一门是70多分，其他全部都在85分以上。

所以一定不要过早地给自己贴上"不聪明""不是学习的料"之类的标签。每一个人都有无穷的潜力，即使是那些成绩不好的人，也有很大的潜能可以挖掘。而这一切都必须从改变你原有的思维模式开始。

好的结果会让自己增强自信。外在的鼓励可以让一个自卑的人变得自信，但只有通过自己的行动、体验并产生好的结果才可以让自己确信"我可以、我能行"。

曾任美国国会参议员的爱尔默·托马斯在青少年时期因为长得又高又

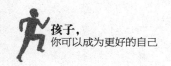
瘦，而且体育也不好，经常受到同学们的嘲笑，以至于他很自卑，很少与人来往。后来发生的几件事改变了他。

第一件事是托马斯在学校通过了一项考试，得到一个三级证书，可以到乡下的公立学校授课。虽然证书的有效期只有半年，但这是他有生以来，除了他母亲以外，第一次别人对他有信心的证明。

问自己

◎让你感到自豪的一件事是什么？能否让这件事再发生一次？

第二件事是一个乡下学校以月薪40美元的工资聘请他去教书，这进一步证明了别人对他有信心。

第三件事是领到第一个月的工资后，他就到服装店买了一套合身的服装。

第四件事是在一年一度的演讲比赛中获得第二名。这是他生命中的转折点，是战胜尴尬与自卑的最大胜利。对他来说，他连单独跟一个人说话的勇气都没有，更何况是面对很多人。但是在母亲的坚持下，他还是报名了，并且为这次演讲做了精心的准备。为了把演说内容记熟，他对着树木与牛群演练了上百遍。结果大出他本人的预料，得了第二名，并且赢得了一年的师范学院奖学金。

后来托马斯在回忆自己的人生历程时，还不止一次说过："这四件事成为我一生的转折点。"

由此看来，自卑并不是不可战胜的。为什么要妄自菲薄呢？你不觉得自己身上也有许多可爱的、令你骄傲的地方吗？

通过在学习过程中不断地超越自己，你的自信心就能得到强化。自信心源于超越自己。因此，如果你某次考试成绩不好，只要你和自己比较，不在意别人的评价，你的自信心就不会受到影响。

历史上的很多伟大人物，在尚未获得世人认可之前，就表现出很强的自信心。他们在受到冷落和怀疑时，自信心不但没有减弱，反而更加强大。

爱因斯坦在广义相对论受到普遍质疑时，对别人说："我的生命现在已经不重要了，因为广义相对论已经建立起来了，这才是最重要的！"

很多高一考试成绩很差的学生，通过几年的奋力拼搏，最终考入了大学，甚至考入了很好的大学。只要找到了学习的方法，即使一时考试成绩不好，学习受到挫折，照样能自信地坚持下去。

不断静化、强化心态，自信心就会产生得越快越强。心态是个长期的训练过程。自信心产生的快慢和强弱，与心态的平静程度、心态的健康程度、"干劲儿"大小等有很大关系。不断静化心态，你的心情就越来越平静；不断纯化心态，你的心态就越来越健康；不断强化心态，你的"干劲儿"就越来越足。这样，你建立自信心就越来越快，越来越强。

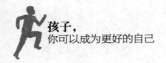
 永刚老师说

建立自信的方法：

◎对自己的成功给予积极评价；

◎选择生活中自己不满意的方面，努力改变；

◎制定可以实现的目标；

◎不要过快地改变生活中的太多方面；

◎找出一个合适的典范，而不是一个不现实的偶像加以学习；

◎不要对过去的失败和错误的判断耿耿于怀；

◎快步走能增强自信心。美国心理学家研究发现，将走路的速度提高25%，有助于增强自信。

# Chapter 08

# 见识，
# 决定你人生的高度

　　增加自己的见识，才能知道自己想要什么样的生活，人生才不迷茫，才能活得洒脱与坦然；不会人云亦云，而是有自己的主见，跳出"眼前的苟且"，看到"诗和远方"。

# 1. 随着见识的增长，才知道自己要什么样的人生

我在课堂上曾经分享过这样一个故事。

唐代贞观年间，长安城西的一家磨坊里有一匹马和一头驴子。它们是好朋友，马在外面拉车，驴子在屋里拉磨。有一天，这匹马被玄奘大师选中，经西域前往印度取经。

17年后，这匹马驮着佛经回到长安。它重到磨坊会见驴子朋友。老马谈起这次旅途的经历，那些神话般的境界，驴子听了大为惊异。驴子惊叹道："你有多么丰富的见闻哪！那么遥远的道路，我连想都不敢想。"

老马说："其实，我们走过的距离大体是相等的，当我向西域前进的时候，你一步也没停止。不同的是，我和玄奘大师有一个遥远的目标，按照始终如一的方向前进，所以我们打开了一个广阔的世界。而你却被蒙住了眼睛，一生就围着磨盘打转，所以

问自己

◎你喜欢哪部小说的主人公？

◎你希望自己成为他吗？

◎他的什么特质吸引你？

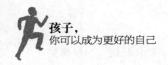
永远走不出这个狭隘的天地。"

这个故事告诉我们，不同的人，尽管同样努力，但结果是不同的。我们是选择在狭小的天地里折腾，还是出去见识一下？只有认识了外面的世界，你才能选择自己想要的人生。

为什么那么多人来"北上广"打拼后很难再逃离？他们在这里见到了更广阔的世界，他们在这里有更多机会从事自己喜欢的、有挑战的工作，他们在这里成为一家跨国公司的白领。也许这个公司正是他以前仰慕的一家知名公司，是他的一个梦想。在这里他们的心态已经发生了变化，很难再回到家乡找到让他们心仪的工作。视野不同了，对自己和对世界的认知也不一样了，这正是见识改变人生的最好注释。

《孟子·尽心上》中写道："孔子登东山而小鲁，登泰山而小天下。"圣人登上鲁国的东山，整个鲁国的景色尽收眼底；登上泰山，天地一览无余。表面上指泰山之高，实际指人的眼界高。这提示人们要不断寻求突破，超越自我，用超然物外的心态来看待世间的变幻、纷扰。人的视点越高，视野就越宽广；人的经历越多，见识就越丰富。随着视野的拓展和转换，随着见识的增加，人们对人生也会有新的领悟。

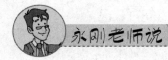
永刚老师说

提高见识的方法：

◎多读一些经典的书籍，因为在那些经典的书籍中往往能找到大智慧，并且能够拓展自己的知识面，要是自己感兴趣的那再好不过了。尽量把书中的内容用自己的语言复述出来，久而久之，就能积累不少谈话的素材。

◎多看一些优秀的电影、电视剧。好的艺术作品，是人类文化的精粹，跟好的东西多接触，有利于提升你的文化素养。另外，好的作品对你的人生观、价值观、世界观等也是有一定正面影响的。

◎多上网、看报等，不要两耳不闻窗外事，与社会脱节。看看国内外新闻，了解一下我们一直生活的这个世界究竟是什么样，对你个人看待问题、融入社会也是很有帮助的。

◎多出去参加一些有意义的活动，比如看一场话剧、听一次音乐会、参加某个艺术展览等，出去体验一下更美好的生活，总比一直宅在家里要好。

◎多去参观一下世界各地的名胜古迹，当你置身于这样的环境中，就会不自觉地感受到它的庄严和肃穆。要是能够了解它的历史由来就更好了。

◎多认识一些有丰富经历的人，经常和他们聊聊天，互相分享所见所感，有时能起到扩大知识面的作用，也许他的某一句话就会触发你的灵感。

◎多参加一些社会实践，不仅能扩大知识面，也能解决实际问题，还能从中领悟到书本中学习不到的生活真谛，有助于增长见识。

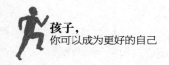
## 2. 经历繁华，才能沉淀人生

"经历繁华，才能沉淀人生"就是说我们总是在一点一滴的事情中积累着经验、教训，到了一定年龄，见识广了，自然对人生就有了更多的感悟。

时间是个好东西，能够让我们沉淀下来。我们在时间的长河里浮游翻滚，如浮萍随岁月而沉淀，在蹉跎的岁月中形成特有的芬芳，一点点穿透自己的人生。

所谓的沉淀，就是一个不断扬弃、不断超越自我的过程，是一种阅历的凝聚，是一种深厚的底蕴。伴随沉淀的有汗水与努力、幸福与快乐、真情与苦楚、付出与给予，沉淀将一点儿不落地还给每一个人，慢慢渗透至你的身体，从你的气质中展现出来。

《世说新语》里有一个故事，说曹操当了魏王以后，有外族使节来见。曹操觉得自己长相平常，就让美男子崔琰穿上他的王服，坐在他的椅子上接见来使，自己提刀侍卫一侧。不料使节后来对人说："魏王虽然相貌出众，但是他旁边的捉刀人更有帝王相，他才是真英雄！"

岁月的沉淀是掩饰不住的，它不因外表和服装的不同而不同，更重要的是内在的气质。

人生，是一个沉淀的过程，不断经历一些事情以后又不断地忘却，留下的就是自己最后拥有的东西。在人生的道路上，我们每个人都有一个沉淀自己的过程，见识带给人们这样的变化：

第一，没有自卑感，有一颗平常心。

拥有见识的人往往是不自卑的，他们对待生活中的一切都有一颗非常坦然的心。这种平常之心让他们看到名贵的东西也不会大惊小怪，而是坦坦荡荡的。可以说这种平常之心让他们对金钱不会锱铢必较，更不会认为自己的人生目标只是赚钱。他们的志趣往往高雅，希望对人生有所贡献，他们追求着更高的目标与境界。

第二，较少被框架所束缚，活出自我。

见识过世面的人，他们较少被框架——我们生活中的主流意见所束缚。有见识的人不会活在别人的世界中，他们追求的是活出自我的风格，活出自我的价值。在他们心目中，多一些见识有助于找到自己一生想要做的事，成为自己想要成为的那个人，拥有属于自我的远方。他们的努力与奋斗不是证明给别人看，而是证明自己生而为人的价值与意义，所以他们的气质才会别具一格。

第三，存在良知，有一颗敬畏之心。

由于见多识广，他们会发现每个人身上的智慧，知道每个人身上都有闪光点。对人较少有偏见，更多是对他人有一颗敬畏之心。

敬畏之心主要表现在三个方面：

第一是懂得去尊重他人，包容和自己不一样的人，知道人与人是不同的，不会对他人存在偏见。

第二是有自己的良知，保持内心的善良，知道何事可为，何事不可

◎你感觉自己今年最大的收获是什么？

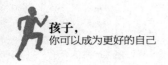
为，所以拥有自己的底线，不会恣意而为。

第三是在尊重他人的同时，尊重历史，尊重文化，对国家的历史文化肃然起敬，因为他知道，文化中藏着一个民族的未来。林徽因与梁思成后半生之所以用力保护中国古建筑，其实很大程度上就是希望保留中国文化的根，希望这些特色成为我们每个人身上的一部分。

真正有见识的人，他们不会活得苟且，而是活得洒脱与坦然。他们渴望自己的人生有意义、有价值，他们把自己置身于时代的洪流中，对世界与他人有一种敬畏之心，心存善意，希望世界越来越好。祝福每个人都能成为有见识的人。

在未曾见过这世间的繁华时，我们总是对这个世界跃跃欲试，想要去征服所有，去掌控一切。

你的阅历越多，对世界的感知就越深刻，对自己的认知就越深刻。明白了己之所欲和己所不欲，也就懂得了接纳，懂得了包容，懂得了拒绝，懂得了取舍。

永刚老师说

◎见过世面的人，会给思想做加法，给欲望做减法。

◎见过世面的人，能够挣脱繁华虚妄的羁绊，拥抱明确而简单的生活。

◎见过世面的人，见过最好的，亦承受过最坏的。

## 3. 视野不同了，认知就不同了

试想，一个山村里，有两个小伙伴，一个一辈子没有走出大山，另一个考上了大学。两个人对世界的看法会一样吗？

我有一个学生让我印象非常深刻。

他并不是来自富贵家庭，相反，他的父母都是最平凡的职工，甚至还下过岗。但他的父母永远比他想象得更加坚强，平时拼命地工作，一到周末就带他出去玩儿。

问自己

◎你看过的印象最深的书是哪本？其中什么影响了你？

父母从小让他学英语、学音乐、学美术，只要是他感兴趣的事情，父母会义无反顾地支持，甚至于在他读大学后，还会支持他每年一次的旅行。他说今天大家认为他学习很不错，也很有灵气，真的得益于父母。

所谓富养，不是停留在物质上，而是一种言传身教，让孩子在成长中，慢慢形成自己的价值观。

人往往在自己的小圈子里感觉良好，不走出去往往不知外面的世界是什么样子。我们身边经常听说这样的事，一个普通学校的尖子生，由于考到重点高中，排名一下子就落后了。人外有人这个道理，只有走出自己的小圈子才能体会到。

假设你从太空看地球，你会看到海洋和大陆，拉近镜头，你会看到

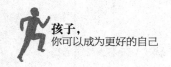
你的国家，再拉近，你会看到你的城市。从这种宏观的角度看你周围的环境，和你一直围着自己熟悉的环境转悠，认知肯定是不同的。

见识是非常重要的，因为这会帮助你正确地理解你自身在这个世界上的位置，以及和其他人的相对位置。它会给你勇气和判断力。

你对这个世界认识越深越广，你走的弯路就越少。而你走的弯路越少，你节省的资源就越多，你就越有时间去寻找人生的方向。

见识的广度可以决定一个人的人生高度。有见识的人，愿意从一个地方到另一个地方，去感受不同文化的差异、不同思想的碰撞，让自己的视野得到进一步拓展，格局得到进一步提升。

见识还指一个人对某件事的洞察能力和感知能力，指一个人知识涉猎的广泛程度。接受教育，不间断地学习，是知识积累的过程；把所学到的知识直接或间接地运用到实践当中去，做到学以致用，自然就减少了无知盲从、不知所措和患得患失。也就是说，学习的经历与实践的经历渐渐丰富起来，具有个人风格的见识便慢慢形成了。

增长见识会带来下面三个方面的变化：

第一，对自我的认识。见过世面的人知道自己的不足，能够正确认识自己，不会狂妄自大，也不会妄自菲薄，能够不断提升自己；而对于没见过世面的人，常言道"无知者无畏"，他们不能正确评价自己，极容易闹笑话。

第二，对生活与未来的认识。见过世面的人往往对生活充满期待，充满希望；而没见过世面的人往往是悲观的，喜欢批判、仇视，居于井底而不知。

第三，对知识的态度。简而言之，认同"读书无用论"的人多没见过世面。

 永刚老师说

要想拥有高于常人的思维和格局，以下几点会有所帮助：

◎多读书。读书能使人明智，懂得分辨是非，也可以提高一个人的思辨能力；

◎多去旅游。旅游是认识新朋友的绝好机会，也很容易接触到新鲜有趣的观点。见过世界，才能认识世界；

◎和有见识的人交谈，尝试理解他们的想法，站在他们的立场来思考问题，绝对会有全新的感受；

◎努力工作，提升自己，为自己创造和高人接触的机会。只有见识过别人的高明之处，才会看到自己的不足之处。

# 4. 先读万卷书，再行万里路

读万卷书，行万里路，无疑是增长见识的途径。读书让我们从前人的智慧结晶中获取营养，行路让我们领略世界的丰富多彩。两者缺一不可。

王安石笔下的方仲永，家中世代以耕田为业。仲永长到五岁时，未曾见过笔墨纸砚，有一天忽然哭着要这些东西。父亲对此感到诧异，从邻居

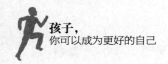
那里借来给他，他立即写出四句诗句，并且写上自己的名字。从此给他指定物品他便能立刻作诗，诗的文采和道理都有值得赞赏的地方。同乡的人对此感到惊奇，于是陆续请他父亲去做客，有的人还花钱求仲永题诗。他的父亲从中看到有利可图，便每天拉着仲永四处拜访同乡的人，不让他读书。等方仲永长大成人后，他已经变成普通人了。

王安石说，仲永的通达聪慧，是通过先天得到的。他的天资比一般人高得多，最终成为普通人，是因为他后天的教育没有达到要求。像他那样天资聪明，如此有才智，没有受到后天的教育，尚且要成为平凡的人；而那些不是天资聪明、本来就很平凡的人，又不接受后天的教育，结果会如何呢？


读书能让我们经历自己不可能经历的人生，读书能让我们与智者对话，读书能让我们审视自己的内心，读书能让我们认识世界，读书能让我们理清心头百思不得其解的疑惑。

培根说："阅读使人充实，会谈使人敏捷，写作与笔记使人精确"，"史鉴使人明智，诗歌使人巧慧，数学使人精细，博物使人深沉，伦理之学使人庄重，逻辑与修辞使人善辩"。

歌德说："读一本好书，就是和许多高尚的人谈话。"书籍是人类的另一种朋友。它能在你阅读它的时候，不知不觉中影响你，并且这种影响是相当强大和深远的。

我们身边有很多出身贫寒，靠读书改变命运、走出乡村成就一番事业的人的故事，读书首先改变的就是你的见识和视野。

少年毛泽东，正是因为他的表兄文运昌给他读了郑观应的《盛世危言》、梁启超主编的《新民丛报》等进步书刊，令他耳目一新，促使他走出韶山，成就了一番伟业。

说到行万里路，不得不说一下徐霞客。

徐霞客幼年受父亲影响，喜爱读历史、地理和探险、游记之类的书籍。这些书籍使他从小就热爱祖国的壮丽河山，立志要遍游名山大川。15岁那年，他应过一回童子试，没有考取。父亲见儿子无意功名，也不再勉强，就鼓励他博览群书，做一个有学问的人。徐霞客的祖上修筑了一座藏书楼，这为徐霞客博览群书创造了很好的条件。《徐霞客游记》是以日记体为主的中国地理名著。徐霞客从22岁开始，直到去世，绝大部分时间都是在旅行考察中度过的。徐霞客经30多年旅行，写下了60余万字游记资料，在去世后由他人整理成《徐霞客游记》。

徐霞客的游历，并不是我们今天的"上车睡觉，下车拍照"，也不是单纯为了寻奇访胜，而是为了探索大自然的奥秘，寻找大自然的规律。

在徐霞客对地理学的一系列贡献中，最突出的是他对石灰岩地貌的考察。他是中国，也是世界上最早对石灰岩地貌进行系统考察的地理学家。欧洲最早对石灰岩地貌进行广泛考察和描述的人是爱士培尔，时间是1774年；最早对石灰岩地貌进行系统分类的是罗曼，时间是1858年。他们都晚于徐霞客。

徐霞客在地理科学上的贡献很大，对火山、温泉等地热现象也都有考

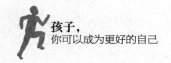

察研究，对气候变化、对植物因地势高低不同而变化等自然现象，都做了认真的描述和考察。此外，他对农业、手工业、交通状况，对各地名胜古迹的演变和少数民族的风土人情，也都有生动的描述和记载。

由此看来，只有先读万卷书，再行万里路，我们才能从游历中学到知识、增长见识。当你出发旅行时，做好一切准备，带着某些故事上路才不枉此行。

我们旅行，是为了获得一个看事物的新角度。旅行是一种对世界的深度认识。

读书不仅仅是命运的改变，更是眼光、态度的改变，以及学识的改变、胆识和见识的改变。所以不管是知识的改变、胆识的改变还是见识的改变，都是我们改变自己命运的一次努力，而开端就是读书。

 **永刚老师说**

◎多看书，尤其是一些经典著作。书籍是人类智慧的结晶，书中总结了很多做人的道理，还有各种科学知识的介绍、古代人类社会经验的沉淀。一个人学习的东西多了，自然也就能增加自己的见识了。

◎多到世界各地转转，了解各地的民俗风情，开阔视野。一些我们没接触过的东西，可以给我们很新鲜的感觉，也可以让我们有更包容之心。

# Chapter 09

# 合作，
# 惺惺相惜、
# 共同奋斗的美好感觉

　　团队所能给予一个人的帮助，更多在于精神方面。一个积极向上的团队能够鼓舞每一个人的斗志，一个充满斗志的团体能够激发每一个人的热情，一个协调一致、和睦融洽的团队能给予每一位成员一种良好的感觉。

# 1. 感受合作的力量

大雁经常以"人"字形飞行。大雁飞行时会定期变换"领导者"，因为作为首领的大雁能减弱它左右两边同伴飞行的阻力，增加飞行的速度。科学家发现，大雁以这种形式飞行，要比单独飞行多出12%的距离。

我在课堂上经常给大家分享这个故事。

我曾经在一个纪录片中看到南美洲草原上的蚂蚁。当草原燃起大火时，蚂蚁为了突破火的包围圈，它们会迅速聚拢起来，紧紧地抱成一团，很快就滚成一个黑乎乎的大蚁球，蚁球滚动着冲向火海。就这样，伴随着外层蚂蚁噼噼啪啪的响声，蚁群冲出了火海。这就是合作的力量。试想，如果它们没有抱成团，而是自己向外突围，那肯定会"全军覆没"。

蚂蚁这一抱，是与命运抗争，是力量的凝聚，是以团结协作的手段，为共渡难关、获得新生所做出的必要努力。无此一抱，蚂蚁们必将葬身火海，精诚团结则使它们的群体得以延续。

还有一个故事是大家经常讲的。

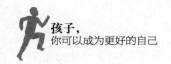

有一位女士在中国一所小学找了五位小朋友，要求他们配合做一件事情。这位女士拿出一只瓶子，里面有五个小球，每个小球有一根线牵着。女士对五位小朋友说："你们每人拽住一个小球，在七秒钟内必须全部从瓶中拽出，否则就代表被瓶中的水淹死。记住，瓶口只容得下一个小球，谁的小球出得慢，谁就有被淹死的危险。"五个小朋友中最大的一位想了想，然后和其他四个小朋友耳语了几句之后，示意女士可以下令了，女士说："开始！"只见年龄最小的小朋友最先将小球拽出，第二、三、四个小球随后出来，最后拽的是那位年龄最大的小朋友，七秒钟内五个小球全部拽出。这位女士被眼前中国小朋友的举动惊呆了，接着便流出感动的泪水。她说："这个试验我在其他国家做过好几次了，那些小朋友都争着往外拽，结果挤在瓶口谁也出不来，全淹死在里面了。中国的小朋友了不起！"

大家的合作才能带来双赢，如果都只考虑自己，势必相互掣肘、两败俱伤。

合作的特点是：

（1）重视团队利益。要认识到只有成就了团队才能成就自我，将团队放在首要位置。

**问自己**

◎你喜欢打篮球吗？当队友传了一个漂亮的球给你，你一举命中篮筐，当时的感觉是什么？

（2）建立信任关系。重视合作伙伴在共同工作中的价值，强调"我们"而非"我"做了什么，真诚表达自己对他人的尊重和认可，拉近彼此的关系。协同合作是任何一个团队不可或缺的精髓，是建立在相互信任基础上的无私奉献，团队成员因此而互补互助。

（3）主动支持与配合。高效率高质量地完成自己所负责的工作，邀请合作成员就开展的工作提供建议及支持，了解工作伙伴的困难或需求，在力所能及的范围能主动提供支持和帮助。只有这样，才能激发团队的工作动力和奉献精神，不分彼此，共同奉献。在一个团队里面，只有大家不断地分享自己的长处，不断吸取其他成员的长处，遇到问题都及时交流，才能让团队的力量得到最大限度发挥。

（4）提供反馈。针对合作成果定期进行工作总结，在合作成员提出咨询时，能积极提供建设性反馈意见，在合作过程中能客观传递自己的观察结果，主动提供反馈意见，共同制订改善计划，提高合作效率。

（5）互相尊重。尊重他人的个性和人格，尊重他人的兴趣和爱好，尊重他人的感觉和需求，尊重他人的态度和意见，尊重他人的权利和义务，尊重他人的成就和发展。尊重，还意味着不要求别人做你自己不愿意做或没有做到的事情。尊重彼此对团队的全部贡献，这个团队才会得到最大的发展，这个团队中的成员也才会赢得最大的成功。尊重能为一个团队营造出和谐融洽的气氛，使团队资源得到最大程度的共享。

（6）互相欣赏。学会欣赏，懂得欣赏。很多时候，同处于一个团队中的工作伙伴常常会乱设“敌人”，尤其是大家因某事而分出了高低时，落在后面的人心里就很容易酸溜溜的。所以，每个人都要先把心态摆正，用客观的眼光去看看“假想敌”到底有没有长处，哪怕是一点点比自己好的地方都是值得学习的。欣赏同一个团队的每一个成员，就是在为团队增加助力；改掉自身的缺点，就是在减少团队的弱点。总之，团队的效率取决于每个成员之间配合的默契程度，而这种默契来自团队

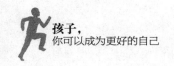

成员的互相欣赏和熟悉，欣赏长处、熟悉短处，最主要的是扬长避短。

团队成员要明白一个道理：皮之不存，毛将焉附。团队精神不反对个性张扬，但个性必须与团队的行动一致，要有整体意识、全局观念，要考虑到整个团队的需要，并不遗余力地为整个团队的目标而共同努力。只有当团队成员自觉思考团队的整体利益时，他才会在遇到让人不知所措的难题时，以团队利益为根本，义无反顾地去做。

同时，强调团队合作，并不意味着否认个人智慧、个人价值。个人的聪明才智只有与团队的共同目标一致时，团队价值才能得到最大体现。成功的团队提供给我们的是尝试积极开展合作的机会，而我们所要做的是寻找合作的乐趣。

与人合作要注意的是：

（1）团队协作的基础是团队。一个团队不能只依靠一个人的力量、重视一个人的力量，而要依靠整个团队协作的力量才能创造奇迹。要着力打造一个优秀的团队，而不是一个优秀的个人。要始终把团队放在第一位，一切以团队的利益为主。团队就是这样，有统一的目标、统一的步伐。

（2）没有完美的个人。在一个团队中，每个成员都有自己的优点、缺点。团队强调的是成员互帮互助、协同工作，所以，团队的每个成员应了解其他成员的优点，相互学习，在团队合作中克服自己的缺点。

（3）对待团队的其他成员要有一个包容的心态。团队工作需要成员在一起不断地讨论，如果一个人固执己见，无法听取他人的意见，或无法和他人达成一致，团队的工作就无法进行下去。

（4）要让别人喜欢你，你就要经常检查自己的缺点，承认自己的缺点，让大家共同帮助你改进，这样才能让大家喜欢你，得到他们的支持和认可。

在工作中要互相支援、互相鼓励，关心大家的生活，要使大家觉得你不仅是他们的好同事，还是他们的好朋友。有谁不喜欢与自己的朋友合作？

（5）没有一个人喜欢骄傲自大的人，这种人在团队协作中也不会被大家认可。即使你在某个方面比其他人强，也不能因此而盛气凌人；或者对他人的弱项进行讽刺。

团队中的任何一位成员，都有自己的专长，所以必须保持足够的谦虚，将自己的注意力放在他人的强项上，只有这样，才能看到自己的肤浅和无知，才能在团队中不断地进步。

**永刚老师说**

促成合作的方法：

◎发现对方的优势，并及时表达对他的欣赏；

◎认真听取对方的观点，找到双方的契合点；

◎站在对方角度考虑他的需求。

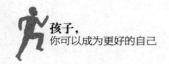

## 2. 发挥各自长处，让"1+1>2"

　　合作可以产生"1+1>2"的效果。据统计，诺贝尔奖获奖项目中，因协作获奖的占三分之二以上。在诺贝尔奖设立的前25年，合作奖占41%，而现在则跃居80%。团队协作能激发出团队成员不可思议的潜力，让每个人都能发挥出最强的力量。也就是说，团队工作成果往往能超过成员个人业绩的总和。

　　为什么会有"1+1>2"的现象呢？我们每个人都有长处，当大家都发挥自己的优势开展合作时，结果一定比一个人做更好，这就是所谓的"强强联合"。团队中取长补短，相互协作，即能造就出一个好的团队，所以才有"三个臭皮匠，赛过诸葛亮"之说。在一个团队中，每个成员都有自己的优点。如果团队的每位成员，都主动去寻找其他成员的优秀品质，那么团队的协作就会变得很顺畅，工作效率就会提高。团队精神的最高境界是"不抛弃，不放弃"。

　　我们举一个例子吧。

　　在平板电视领域有两个重量级的品牌——夏普与东芝宣布合作。合作的主要内容为"2010年度夏普从东芝采购约50％的液晶电视用集成电路，东芝从夏普采购约40％的32英寸以上电视用液晶面板"。

东芝是全球第三大半导体厂商，半导体芯片的研发和制造能力是全球公认的。虽然在芯片上有很强的实力，但是东芝一直没有过多地涉足面板领域，这是它的弱项。

夏普被称作液晶面板的老大，长期专注于液晶面板的研发和生产。随着技术的提高，产量也在逐年增长，这样国内消费不了的面板将转为外销。与东芝的合作既可以将多余的面板很好地消化掉，带来经济效益，又可以通过东芝的先进芯片技术来提升平板电视的画质，弥补自己的不足。

像夏普与东芝这样强强联合的事情，生活中经常可以看到，很多合作都是优势互补、强强联合。

每一个人受性格的影响、能力的限制，肯定存在自己不喜欢或者做不了的工作。现代企业的竞争，是团队与团队之间的对决。选择优势互补的合伙人，对公司的均衡成长有着重要的作用。

问自己

◎你为自己不擅长的技能苦恼过吗？想过找另一个伙伴弥补自己的不足吗？

在平时的生活中，我们要善于发现别人的长处和自己的长处，然后才能取长补短，把事情做得更好。就像足球比赛，有的人擅长踢前锋，有的人擅长踢后卫，有的人擅长踢中场，每个人都找到自己最适合的位置，再加上完美的配合，才能赢得比赛。

有两位律师合伙开设了一家律师事务所。两个人分工明确，一位律师负责准备审理案件所需要的诉讼资料，从不在法庭上露面；另一位

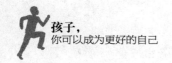

律师则负责出庭应诉。两位律师都很积极地工作，只是各自的表现方式不同。

假使你想在自己所从事的行业占据一席之地，首先要清楚自己是哪种类型的人，适合什么性质的工作，让自己的能力与工作匹配得上。

了解了自己的强项，才能确立一个正确的目标。如果你是一个思维比较缜密的人，我想一份主管的工作会很适合你。要是你被人安排出去推销商品，可能会很沮丧。同样，一个处处活跃的人更适合从事销售或组织类的工作，他们大都热衷于新鲜事物，有着无限充沛的精力和热情。假使要他们待在办公室做策划，那会是一种折磨。

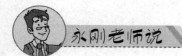

◎很多时候，一个团队所能给予一个人的帮助，更多的在于精神方面。一个积极向上的团队能够鼓舞每一个人的斗志，一个充满斗志的团体能够激发每一个人的热情，一个时时创新的团队能够为每个人创造力的发挥提供足够的空间，一个协调一致、和睦融洽的团队能给每一位成员一种良好的感觉。

# 3. 学会站在对方的角度想问题

　　当与人合作时，站在对方的立场思考问题，就能找出他犯错的原因了，你也会因此获得友谊。团队工作需要成员在一起不断地讨论。如果一个人固执己见，无法听取他人的意见，或无法和他人达成一致，团队的工作就无法进行下去。团队的效率在于配合的默契，如果达不成默契，团队合作就不可能成功。为此，对待团队中其他成员时一定要抱着宽容的心态，讨论问题的时候对事不对人，即使他人犯了错误，也要本着大家共同进步的目标去帮对方改正，而不是一味斥责。同时也要经常自我反省，如果意识到了自己的问题，不妨将它坦诚地讲出来，承认自己的缺点，让大家共同帮助你改进，这是最有效的方法。面对别人的错误，聪明的人会对自己说："如果我是他，我会怎么做？"从别人的视点来看事情，努力寻求事情发生的原因，那么你对结果也就不会那么抱怨了。你可以因此省去大量的时间，而且还可以减少和别人的摩擦，学会为人处事的方法。

　　我的一个朋友曾经和我讲过他同学的一个经历。那个同学在西安打工，有一段时间生活特别困难，付不起房租。房东催了几次，他都没有支付。房东下了最后通牒，如果星期一他还付不清的话，就请他搬走。他站在对方的角度想，自己确实是给房东带来了很多烦恼，就真诚地和房东沟

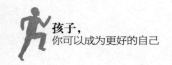

通了一下，为自己好几次过期未付款的事情感到抱歉。他向房东道歉说："真不好意思，我一定是最让您烦恼的租户。"房东开始向他说起自己为他这件事有多烦，同时家里老人也生病了，很多事赶在一起，心里难免烦躁。他什么话也没有说，只是安静地听着。最后房东又说："您不用担心，就算您不能马上付清钱款也没关系，可以先给我一部分，然后在您方便的时候再把其余的钱给我，这样什么问题都解决了。"

所以我们在遇到问题时，可以从对方的角度思考一下整件事，静下心来想想别人为什么要这样做，然后找到双方都能接受的方案。先理解对方，再争取对方理解自己。

关于倾听这个问题，美国印第安人有自己独特的解决方式，他们使用"发言棒"。每当大家聚会的时候，一定会有发言棒的用武之地，只有手持发言棒的人才有权发言。当手里有了发言棒，就只有你能说话，如果你

问自己

◎ 当和同学发生争执时，你想过如果你是他会怎么做吗？

认为大家全都理解了你表达的意思，就可以把发言棒传给下一个有话要说的人。这样，你发言的时候就能够保证全体人员都在认真听。

如果你下次和父母谈话的时候手里有这么一个发言棒该多好。在他们没有弄清楚你的真实想法之前就没有发言权，这简直太妙了！

如果人与人之间的交流是需要学习的话，那么你需要学的一项最重要的交流技巧就是倾听。真正的倾听并不是你闭口不言，它需要你积极参与，真正去了解另外一个人内心的所思所想。我们经常会遇到问题，

其中一个主要的原因就是在没有弄清楚全部事实之前就匆忙下结论。关于这一点，有一句名言：先理解别人，再争取别人理解自己。

无论穷困潦倒，还是春风得意，我们时刻都不要忘了换位思考，想想别人，反思自己。只有这样，我们才能宽容对待每一个人，才能把敌人变成朋友，把朋友变成手足。

在学习和生活中，面对老师、同学和父母，我们是否具备一种换位思考的能力，时刻从他们的角度出发思考自己怎样去做呢？在做每一件事情的时候，我们是否都能够像关心自己一样去关心他们的利益，满足他们的需求呢？所有这些，都直接决定着我们学习和生活的状态。只有具备了这样的能力，我们才能由己度人，做到"己所不欲，勿施于人"，才能由此及彼，达到知己知彼、百战不殆。

只有从对方的角度出发，抓住对方的利益点，我们才能牢牢地把握主动权，进可以攻，退可以守，从而应对自如，稳操胜券。

丘吉尔说："我们没有永恒的朋友，也没有永恒的敌人，只有永恒的利益。"利益，永远是调动一切的积极因素；利益，永远让别人替你着想。对于这一点，世界富豪摩根领悟得非常透彻，他清楚如何更好地来挣钱。

在摩根的一生中，曾经有过很多合作伙伴。在各行各业，争着想与他合伙做生意的人大有人在。可就在这样有利的情况下，摩根还是给予每一个合作伙伴非常优厚的条件。在通常情况下，摩根和合作伙伴的利润都是四六分成，摩根四成，别人六成。

有位朋友向他建议："既然有这么多人愿意和你合作，你拿六成也不过分！最少也要五五分成啊！"

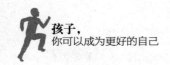
摩根笑着答道："我拿六成，没有多少人会和我合作，但我拿四成，几乎所有的人都抢着与我合作。单个看，我似乎吃了亏。但是，总体上看，我获得了多少个四成啊！"

站在对方的位置上，为别人着想。同样的事情，也发生在华人富豪李嘉诚身上。

作为李嘉诚的手下，跟随他20多年的洪小莲在谈到李嘉诚的合作风格时这样说道："要照顾对方的利益，这样人家才愿与你合作，并希望不止一次合作。凡与李嘉诚合作过的人，哪个不是赚得盆满钵满的？"

李嘉诚曾说："人要去求生意就比较难，生意跑来找你，你就容易做。如何才能让生意来找你？那就要靠朋友。如何结交朋友？那就要善待他人，充分考虑到对方的利益。"在生意场上，李嘉诚从来都只有朋友没有敌人，这不能不说是一个奇迹。

不管面对的是竞争对手，还是合作伙伴，我们都应该多站在对方的角度去考虑问题，多想想他们在想些什么、想得到什么、不想失去什么，然后制定自己的策略。只有这样，我们才能把握主动、因势利导，打开一扇扇通往成功的大门。

不论是什么原因引起的斗争，都能使斗争的双方两败俱伤，造成持续性的伤害。因此想要快速取得成就，只能通过友好的合作。无论想法多么好，离开了他人的帮助，一个人是难以实现的。就像一个人想去一个荒无人烟的地方过自己的生活，即使远离文明，他仍然需要自然界的东西来维持生命。在这个文明的世界里，你必须依赖合作才能生存。

永刚老师说

◎合作时一定要有双赢的思想，双赢是一种相信大家都能成功的人生态度。双方并不是你死我活的竞争关系，因此，别人的成功对你来说并不是一种威胁。你应该永远用双赢的思维方式思考遇到的所有问题。

# 4. 化冲突为合作

冲突会导致四分五裂，合作则能实现繁荣共存。任何事物之间都存在差异，这没关系。但是如果强调差异，就会产生冲突。为了解决这一问题，你需要注意沟通技巧，其实这些技巧你早已经不自觉地在使用了。那么，现在你应该更加注意它，让它帮助你克服困难，化差异为团结，和别人建立信任的关系。

（1）善于从他人的角度看问题

肯尼斯·古德在他的一本著作中曾经说道："用一分钟的时间，将你对自己事情的那种浓厚兴趣和对别人事情的冷漠做个比较，你就会发现，别人现在是这样的态度。"那么你就跟那些伟人一样，已经获得了一种能力，即善于从他人的角度看问题。

一次谈话最融洽、最兴奋的时刻，往往出现在谈话一方表现出很重视另一方感觉的时候。在谈话刚开始的时候，先让对方表达自己的见

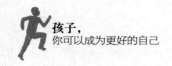
解，提出谈话的目的，引导谈话的方向。双方不断地转换角度，如果你是听者，那么你的话必须是对对方的回应；如果对方是听者，假使你的话中包含了他的观点，这也将促使他很高兴地接受你的观点。

当你请求别人做事时，你可以站在别人的立场思考一下整件事，静下心来想一想别人为什么要这样做。这可能要花费你很长的时间，但是这能使你减少沟通中的摩擦和冲突，达到你想要的结果，获得友谊。

哈佛商业学院前院长唐哈姆曾说："在见一个人之前，我情愿花两个小时的时间，在他办公室前面的人行道上形成清晰的思路，也不能大脑一片空白地走进他的办公室。因为如果这样，我不知道说什么，也不知道该怎么做，更不知道面对我的问题时，他会怎么回答。"

（2）请求对手的帮助

一个人所做的一切努力就是为了一个目的：做一个重要的人。这种欲望是人的天性。有时候，为了促使这种欲望的实现，你需要对手的帮忙，这能使你获得友谊。

**问自己**

◎ 如果你非常需要对手的帮助，你会主动与他合作吗？

伟大的思想家、文学家本杰明·富兰克林年轻的时候就使用过这种方法，把一个阻碍他成功的人变成了他一生的挚友。当时，他办了一家小的印刷厂，投入了所有的钱。同时，为了使印刷厂获得更大的利润，他必须获得议会里的文书办事员这一职务，因为这样他就可以把议会里的所有文件全部拿到自己的印刷厂来印刷。可是，议会中一位既有钱又很有才能的议员很不喜欢他，甚至还在公共场合辱骂他。这对富兰克林的参选是很不利的，所以，他必须采取一些措施让那位议员喜欢他。心思缜密的富兰克林并没有采取一般人的做法——贿赂他的敌人，因为他知道这样只能让对方更看不起自己，从而令自己陷入窘境。

他所做的事情就是令对方高兴。他向这个议员提出了一个请求，而这正好满足了那位议员的心理要求。富兰克林讲述了他的请求。

我知道他收藏着一本十分罕见而且珍贵的书，并且把这本书视为骄傲。于是，我就写了一封信，表示我非常喜欢这本书，想从中得到一些宝贵的知识，请求他慷慨地把书借给我，让我好好阅读几天。不出所料，他马上叫人把书送了过来。当我把书还回去的时候，我向他表达了真挚的谢意。

当我们再一次在议会里见面时，他居然很有礼貌地向我问好，这是从来都没有发生过的。从此，我们经常往来，互相帮忙，慢慢地，我们变成了一生的好朋友。


富兰克林的这种做法让这位议员感觉别人是在肯定自己，自己的知识和成就获得了别人的尊重。让别人获得了满足，自己也得到了伟大的友谊。

让你的对手帮助你吧，这样你就会少一个敌人，多一个朋友。每个人都想成为重要的人，而这体现在人们对你的需要上，需要多了就证明自己很重要。

无论你以什么方式谋生，如果以"友好合作"而不是"互相争斗"作为生活哲学，那么你不仅可以过得顺心，可能有时候还会有额外的收获降临。

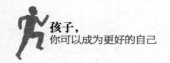
　　和谐地与别人合作，联合大家的智慧，激发出自己的潜能，你的力量就会无限地扩大。这样，不论你在哪个领域都能获得成功。

永刚老师说

　　合作中应该注意：

　　◎关注别人的特长。学会取他人之长，补自己之短。

　　◎资源共享作为团队工作中不可缺少的一部分，可以很好地评估团队的凝聚力和团队的协作能力，也是一个团队能力的客观体现。所以提高团队的资源共享度是让团队健康发展、稳定发展的基础。

　　◎宽容是团队合作中最好的润滑剂，它能消除分歧和战争，使团队成员能够互敬互重、彼此包容、和谐相处，从而安心工作，体会到合作的快乐。你如果能够以开阔的胸襟包容同事的错误，驱散弥漫在你们之间的火药味，相信你们的合作关系将更紧密。宽容并不代表软弱，在团队合作中它体现出的是一种坚强的精神。它是一种以退为进的团队战术，为的是整个团队的大发展，以及为个人发展奠定有利的基础。应尽量站在别人的立场上，衡量别人的意见、建议和感受，反思自己的态度和方法。

　　◎团队是一个相互协作的群体，它需要团队成员之间建立相互信任的关系。信任是合作的基石，没有信任就没有合作。信任是一种激励，信任更是一种力量。如果连起码的信任都做不到，那么团队协作就是一句空话，绝对没有落实到位的可能。

◎敢于沟通、勤于沟通、善于沟通，让更多人了解你、欣赏你、喜欢你。沟通能力在团队工作中是非常重要的。现代社会是个开放的社会，当你有了好想法、好建议时，要尽快让别人了解、让上级采纳，为团队做贡献。否则，不论你有多么新奇的观点和重要的想法，如果不能让更多的人去理解和分享，那就几乎等于没有。

*Chapter* **10**

# 挫折，
# 人生的财富

　　每个人都会遇到挫折，这是不可避免的事，所以不必惊慌，关键是你如何对待挫折，如何走出阴影，最终找到解决问题的思路。

# 1. 所有的苦难都是化了装的祝福

电影《至暗时刻》讲的是1940年的英国，66岁的丘吉尔临危受命接任首相，力挽危局。面对几乎沦陷的欧洲，而自己的党派还在相互挖墙脚，丘吉尔走投无路，躲在厕所向美国总统罗斯福求助，却遭冷言冷语。电影中有一段生动的刻画：一个孤独而恐惧的老人，在书房沉默地坐了一个晚上。丘吉尔的一句名言是："既然必须穿过地狱，那就走下去。"

孟子曰："天将降大任于斯人也，必先苦其心志，劳其筋骨，饿其体肤，空乏其身，行拂乱其所为，所以动心忍性，增益其所不能。"懂得在苦难中吸取教训，建立更成熟的人格，才能在各样的磨炼中增长才干。

大家肯定都听过海伦·凯勒的故事。

海伦·凯勒出生19个月便患了一场猩红热，重病夺去了她的听力和视力，变得又聋又瞎，同时嘴巴也发不出声了。后来由于她的顽强不屈、刻苦奋斗和她的老师安妮·苏利文小姐教导有方，当然还由于她有出众的

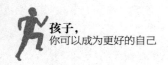

天赋，因此她从7岁开始受教育，经过几年的努力，终于学会了读书和说话。她学的文字有英文、法文、德文、拉丁文、希腊文五种之多，而且知识渊博。从24岁大学毕业到逝世这60多年的时间，她的主要工作是写作和讲演。她跑遍美国各地，周游世界各国，全心全意为聋盲人的教育和福利事业贡献一生，曾受到许多国家的政府、人民和高等院校的赞扬和嘉奖。她85岁高龄时被选为"世界十大杰出女性"之一。

海伦的故事震颤着人的心灵，故事中包含着人性中最美好的品格、生命力的顽强和对生活的渴望。同时让我们感受到苦难不是绝对的坏事，重要的是我们如何面对苦难。

我们可以想象一下，如果海伦面对失明和失聪自暴自弃，那她的人生是什么样子？或者她会被别人照顾一辈子，或者她会一直被社会救济，或者她从来没有离开过她的家乡。同样是一生，由于她选择了不屈服于苦难，她的人生丰富多彩，一生光彩照人。和她经历的苦难相比，我们眼前的困难不算什么，我们又将如何走完我们的人生呢？

和凯伦一样的人还有贝多芬，他作为音乐家，失去了听觉，也曾悲观厌世，一度走到了自杀的边缘。1802年10月6日，他立下了著名的《海利根施塔特遗嘱》。在这份遗嘱中，可以看到贝多芬所经历的精神危机极为严峻，他在生与死的搏斗中苦苦挣扎。

最后他还是选择不向命运低头。贝多芬所创作的所有重要乐曲，无一

**问自己**

◎你曾经遇到的最大挫折是什么？当时你是如何度过艰难的日子的？

不是英雄同命运的抗争，无一不是他同世界进行搏击的惊天动地的音响记录。《英雄》《命运》《欢乐颂》，一部又一部气势磅礴、壮丽雄浑的乐章使他的整个精神世界都达到了疯狂的程度。他将自己不屈的精神扩大而升华为一个又一个华彩乐章。他留下的不仅是音乐，更是不朽的灵魂。

假设贝多芬向命运低头，这些经典的乐章就不会在今天仍然激励着我们，他的一生将在痛苦和悔恨中度过。

苹果创始人乔布斯，30岁时被他自己创办的苹果公司解雇了，对他来说，这个打击非常大。他一度把自己关在房间里，不见任何人。但是他还是从阴影中走出来了。他在以后的几年中，创办了皮克斯公司，推出了世界第一部用电脑制作的动画片《玩具总动员》。12年后，他重回苹果时，让已经陷入困局的苹果重拾往日辉煌。正如他在斯坦福大学的演讲中讲的："被苹果公司炒鱿鱼是我一生中碰到的最好的事情"，"如果不是被苹果公司解雇，这一切决不可能发生。这是一剂苦药，可我认为苦药利于病"。

如果乔布斯因为挫折一蹶不振，怎么可能有后来风靡全球的苹果手机?

不论我们追求的目标是什么，都不要被眼前的困难吓倒，战胜困难是我们唯一的选择，只有这样才能实现我们的目标。

人们通常会为自己犯错感到沮丧，这是因为他们目光短浅，只看到了不良的结果，而没有看到犯错实际上也是进步过程中的必经之路。有心人会把每次犯错都当成改进的机会，每犯一次错，从中吸取教训，这

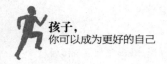

会使你在未来不犯类似的错误。

人生道路漫长，当我们熬过了挫折和低谷，蓦然回首，我们往往会恍然大悟——正是那些曾经的伤害与眼泪，成就了今天的我们。

永刚老师说

让自己战胜挫折的五个方法：

◎找朋友诉说；

◎阅读书籍；

◎听音乐；

◎看电影或其他演出；

◎去健身房。

## 2. 年轻人要敢于犯错误

每个人都会犯错，要允许年轻人犯错，以便他从错误中吸取经验教训，这样进步会快一些。正如爱迪生所说，他没有失败，只是发现了一万种不成功的方法。

一提到王兴，很多人脑海里首先想到的即是"连环创业者"，因为他是校内网、饭否网、美团网这三个大名鼎鼎的网站的联合创始人。除此之外，他还有另外一个身份——大学生创业者，毕业以后没有丰富的职业阅历就开始创业的人。

王兴是人们眼中的天才少年，被保送到清华大学，以全额奖学金去了美国特拉华大学，随后归国创业。在前一两次不算成功的创业项目以后，王兴创立了校内网，并很快风行于大学校园。校内网于2006年10月被千橡互动集团以200万美元收购。2007年5月12日，王兴创办饭否网。但就在饭否网开局势头良好之际被关闭，这让王兴的事业遭到了挫折。

王兴于2010年3月上线新项目美团网，并在"千团大战"当中脱颖而出，稳居前三，先后获得红杉资本和阿里资本两轮数千万美元的融资。

年轻人不要怕失败，珍惜青春，把握青春，让青春无悔。趁年轻，试错成本低，多尝试。快速试错才是促进自身不断成长的法宝。

年轻就代表你有资本去挥霍，挥霍你的汗水。失败了也可以重新再来，你获得了宝贵的经验，这是谁也无法夺走的。

问自己

◎你从过去的挫折中学会了什么？是否总结了经验教训？

如果挫折是有意义的，是否在遇到挫折以前，就应该对挫折的意义有更深一层的了解？到底人在什么时候才会开始想到有关人生意义的问题？答案普遍是：当人遇到挫折的时候，才会开始思考人生的意义。

一个经历过挫折的人，不容易被吓倒；一个经历过挫折的人，不容易放弃；一个经历过挫折的人，有内在的勇敢，他有智慧与远见，而不

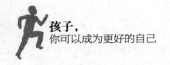

是外在的血气。挫折能锻炼人，使人胸有成竹，淡定从容地面对任何事物。

香港特别行政区前任行政长官梁振英幼年时家庭生活贫困，但这段经历培养了他不畏艰辛、自食其力的能力，为他后来的成功奠定了坚实的基础。可以说，任何艰难困苦都是上天的恩赐，都是为了赋予你优秀的品质。不经过地狱般的磨炼，就不会有创造天堂的力量。因此，当困难来临时，你必须勇敢地面对它。只有承受得住困难压迫的臂膀，才有托起成功奖杯的力量。

当一个人遇到挫折，处境比较艰难时，他自身已经很不走运了，就更需要善待自己，不要成天陷于自责之中，更需要乐观一些、豁达一些、看远一些。有的同学在一次考试中出了点问题、在感情上遇到了点挫折、在与家人和同学的沟通上遇到了一些障碍等，就会把这些问题无限放大，好像世界末日到了，其实人一生没有过不去的坎儿。当然，人在情绪低落时要学会多与高人交往，与雅人相会，与亲人相聚，这样就可能会比较快地走出低谷。苏轼21岁就中了进士名扬天下，却因乌台诗案一路被贬。但他并没有自暴自弃，而是自己开荒种地，做肉，煮茶，酿酒，把逆境中的生活过得很有诗意，同样也实现了人生的价值和意义。

美国前任大法官约翰·罗伯茨在儿子初中毕业典礼上说过一段特别好的话："我希望你们在未来岁月中，不时遭遇不公正对待，这样才会理解公正的价值所在。愿你们尝到背叛的滋味，这会让你们领悟忠诚之重要。我还希望你们时常会有孤独感，这样才不会将良朋挚友视为理所当然。愿你们偶尔运气不佳，这样才会意识到机遇在人生中的地位，进而理解你们的成功并非命中注定，别人的失败也不是天经地义。当你们偶尔遭遇失败时，愿你们受到对手幸灾乐祸的嘲弄，这才会让你们理解体育精神的重要性。愿你们偶尔被人忽视，这样才能学会倾听，感受到切肤之痛，才能对别人有同情的理解。无论我怎么想，这些迟早会来临。而你们能否从中获益，取决于能否参透人生苦难传递的信息。"

所以，犯错误和经历挫折并不可怕，关键是我们能否坚强面对并总结经验教训。

◎人的一生总会遇到挫折，那就让挫折早点来，趁年轻，多积累一些经验，以后的路就会平坦许多。

◎成功人士都认为，一个人之所以不能进步，是因为害怕失败而放弃了所有的尝试机会。只有勇敢地尝试了，才能更深刻地体会到事物的内涵。即使失败了，这种失败的经历和体验也会为你将来的发展做铺垫和准备。

## 3. 挫折既可以磨炼人，也可以毁灭人

人这一生都会遇到挫折，这并不是最可怕的，可怕的是遇到挫折后是否能反思。有些人选择逃避，遇到挫折就退缩，不愿反思，一旦痛苦

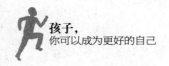

过去了，他们就忘记了，因此难以从中得到经验教训。如果你能在遭遇挫折后进行反思，吸取经验教训，你会发现自己成长了。

**问自己**

◎ 在挫折面前，你选择回避还是反思？

20世界60年代中国乒坛上有过一位运动员韩玉珍，她曾两度逼近世界冠军的颠峰，又两次败了下来。第一次，她因比赛前过于紧张，于是用小刀刺破自己的手，临阵逃脱；第二次则在她已经领先两局的情况下，仅仅因为对手追上几分就心慌手软，败下阵来。她越怕越输，越输越怕，终于抑制不住，谎称阑尾炎，腹部剧痛，想躲过比赛。经历这些事后，她一蹶不振，再也没有从失败中走出来。

我们再来看褚时健是如何看待挫折的。

褚时健用17年的时间将默默无闻的玉溪卷烟厂缔造为亚洲第一、世界第五的大型集团企业——红塔集团，单单税利就达到了991亿元。

当他被法院判处无期徒刑时，很多人都认为他从此会消失在大众的视野中。

可偏偏事实超越了大家的想象。73岁的褚时健获得减刑，并保外就医，他竟然与妻子承包荒山，开始种橙子；86岁那年，他的橙子被称为"云南最好吃的橙子""中国最励志的橙子"，利润已超过6000万元。

企业家冯仑曾评价他说："一个人跌倒再爬起来并不难，难的是从至高处落到最低谷，还能走得更远。这不是一般人能做到的，这才是见过大世面的人。"

面对挫折，人们一般有三种选择：逃避、一蹶不振、反思。你选哪一种？

逃避 —— 逃避只是一时的忘记，不可能永远忘记。

一蹶不振 —— 人生的路还长，如果这样一件小事就让你趴下了，以后的路还怎么走？

反思 —— 找到挫折的原因，反思自己的问题，找到解决的办法。

**面对挫折时的三种选择**

畏惧和逃避都只能让我们越来越失败，我们要做的是时刻怀揣一种英勇拼搏的干劲，勇敢地去面对，并坚信一定能够战胜它。

挫折对于强者，是一笔巨额财富；对于弱者，却是一个万丈深渊。在大多数情况下，遭受的痛苦越深，随之而来的喜悦也就越大。

失败只存在于那种随波逐流、见异思迁的人身上，而意志坚定、永不服输的人的字典里永远没有"失败"二字！他一百次摔倒就一百〇一次爬起来，即使其他人都已退缩和屈服，而他不会！

挫折本身并不可怕。塞翁失马焉知非福，任何挫折都有两面性，就看我们如何对待，让坏事变好事。

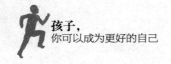

　　在美国的阿拉巴马州有一个小村子，这个村子后面是一大片空旷的场地。村子里的村民看着那么一大片地空着实在可惜，于是在村长的带领下种上了橡树苗。很多年过去了，由于村民的精心管理和保护，橡树苗都长成了参天大树。

　　后来，由于橡树越来越少，因此橡树的价格一路上涨。如果把这些树卖出去，村民就会变成百万富翁，所以这个村子也被人们称为"百万村庄"。

　　好多橡树木材商对此趋之若鹜，要买这些树，但是每一次都被村民们拒绝了。他们明白，虽然现在村子里经济不景气，但是在这个橡树木材资源越来越少的世界上，这些橡树就是一笔难以估算的巨大财富。

　　谁也没有料到的是，灾难却降临到这个村庄。在一个秋天，由于连续几个月没有下雨，特别干旱，尤其是橡树林里，落满了橡树叶子。那些落叶干燥易燃，一粒火星就可以点燃整个橡树林。因此从秋天到冬天，村民们都很小心，但是灾难终究还是没有避免。一天深夜，橡树林不知什么原因着火了，等村民们发现的时候，整个橡树林已经全部笼罩在大火之中。在呼呼的北风中，大火烧遍了整个橡树林。等到森林警察和消防直升机匆匆赶到时，火势已经无法控制了。大家只能一声声地叹息，眼睁睁地看着这场火把上百年的橡树林烧成了灰烬。

　　大家欲哭无泪，向来视橡树林为宝贝的村民说："这下子我们完了，彻底完了，所有的财产都化为乌有，我们还有那么多贷款要还，这可怎么办呀……"

　　一个老人说："孩子，上帝不会让我们没有活路的，橡树没有了，可是我们还有其他的东西呀。虽然大火把整个橡树林都烧毁了，可是我们还有大火留下来的橡树木炭。橡树木炭可是好东西呀！"

　　大家一听老人这样说，都很吃惊。是呀，还有橡树木炭！那么一大片橡树林，肯定会有好多橡树木炭呀。几天后，村长就带着村民们匆匆上山了，他们迅速在烧毁的林地上挖出了十几个大的炭窑，将那些还在冒着热气的庞大树干移进了炭窑。一个月后，他们拥有了上百万吨的木炭。由于橡树的独特材质，用橡树木炭烧烤出来的东西有一种特别的香味，因此这些橡树木炭的价格比别的木炭高出十几倍，就这样还是有好多人来抢购。上百吨的木炭一下子被人们抢购一空，这个村庄真的变成了一个"百万村庄"。

　　真正的失败并不是面临挫折，而是面临挫折时的放弃。

　　◎挫折并不可怕，关键看你用什么态度对待挫折。这一点是你自己可以决定的，这是你的自由。

　　◎如果遇到挫折就自甘堕落，浪费自己的天赋，那才是对生命最大的浪费。

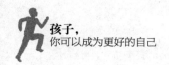

## 4. 正视挫折会让你变得越来越成功

在成功的道路上，有时候我们必须经历失败。事实上，每一次挫折的背后，都蕴含着一个独一无二通过其他方式都无法获得的经验。

当别人问爱迪生："你现在的这个发明已经失败一万次了，你怎么看这件事呢？"

爱迪生回答："我告诉你一个对你很有帮助的启示。我从来就没有失败过，我只是找到了一万种行不通的方法。"

失败是由于放弃而不是"做不到"，所以对待挫折的态度非常重要。爱迪生在发明电灯时做了上万次的实验，他发现了很多行不通的方法，但他没有承认自己失败，而是继续努力，直到发现一种可行的方法为止。没有人可以击垮你，除了你自己放弃。

英国哲学家托马斯·布朗说："当你嘲笑别人的缺陷时，却不知道这些缺陷也在你内心嘲笑着你自己。"我们留意一下就会发现，那些喜欢嘲笑别人的人，往往一辈子毫无建树；而那些被嘲笑之人，却往往以顽强的生命力在痛苦的泥淖里开出夺目的人生之花。

台湾大学哲学系教授傅佩荣先生，在教学研究、写作、演讲、翻译等方面都做出了卓越的成就。他在台湾大学开设"哲学与人生"课十多年，每堂课都座无虚席。2009年，他受央视邀请，在《百家讲坛》主讲"孟子的智慧"，得到众多学者、观众的认同。然而，就是这样一位成就卓著的学者和演讲家，却曾饱受嘲弄与歧视。

上小学时傅佩荣有些调皮，常学别人口吃，却不料这个恶作剧导致他不能流畅地表达。九年时间里，傅佩荣的口吃常常被人视为笑柄，这给他带来了极大的心理压力。虽然他经过多年的努力终于克服了口吃，并成为令众人敬仰的演说家，但是这段被人嘲笑的经历还是在他的人生中留下了难以磨灭的记忆。

一次，傅佩荣赴一个访谈之约。那日，炎阳如火，但他仍坚持穿着笔挺的西服接受访谈。因场地未设麦克风，他就大声说话，甚至有些喊的意味。到后来，他的嗓子都哑了。众人深受感动，无不赞美傅佩荣为人谦逊，没有名人的架子。傅佩荣说："曾经口吃的痛苦经历令我对自己提出了两点要求，一、我终生都不会嘲笑别人。因为我被人嘲笑过，知道被嘲笑的滋味，这使我自身没有优越感。二、我非常珍惜每一次说话的机会。因为我曾经不能流畅地说话，所以现在当有机会表达时，我会非常珍惜。"

同样因为口吃受尽了嘲笑与讥讽的拜登，不仅被别人起了很多难听的外号，而且老师拒绝他参加学校的自我介绍活动。他难过得落泪，觉得自己就像被戴了高帽子站在墙角受罚一样。悲痛往往催生动力，拜登决心一

问自己

◎ 讲一个你遭受挫折后吸取教训的故事。

定要摘除这个命运强加给他的"紧箍咒"。他以极大的毅力坚持每天对着镜子朗诵大段大段的文章。经过多年的努力，他不但成功摘除了这个"紧箍咒"，而且也为他日后成为一名优秀的演说家和领导者奠定了坚

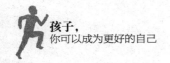

实的口才基础。

被人嘲笑是痛苦的，那些刺耳的嘲笑、无情的眼神，是一把把尖利的刀，深深刺进人的心。面对这把刀，傅佩荣和拜登都选择了奋起，没有任何人规定我只能有这样的遭遇，既然这样，那我为什么不改变它呢？而那些嘲笑、讥讽甚至侮辱，其实都无须理会，就让它们"插"在你的心上，然后忍住痛，跋涉！当你跋涉到一个高度的时候，你的热血就会变成一股烈焰，熔化那把尖刀。而那些曾经嘲笑你的人，早已渺小得挤不进你的视野。

挫折并不一定不好，因为它能促使你奋发前行；成功也不一定总是好的，因为它也有可能让你沉溺于此，停滞不前。遇到事情，换个角度看待，你就能收获不一样的风景。请相信，上帝为你关闭了一扇门，就一定会为你打开一扇窗。

人的一生，挫折是避免不了的，或是考试没考好，或是比赛失利，或是没考上理想的学校，等等。你理想中的生活总是遥不可及，好像总有厄运找到你。经历这样的挫折，任何人都会是痛苦的，感觉失去了继续前行的力量。凡是能够坚强走出挫折的人一定会从中领悟到人生真谛，从而变得更有智慧。

对待挫折，人们一般会有三种做法：

（1）在遭受了失败的打击后，通常会从此消沉下去，成为一个一事无成的人。

（2）依然勇往直前，毫不气馁，但是从来不总结失败的教训，往往会再犯一样的错误。这样的人只会事倍功半，需要付出比别人多几倍的努力才能取得成功，即使这样，他的成功也不会长久。

（3）还有一种是能够迅速地反省自己，总结经验教训，并时刻准备着，一旦机会来临，就立刻大显身手。他们就是成功之神眷顾的人。

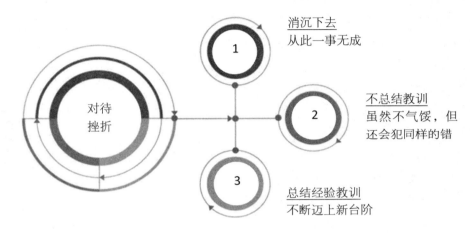

消沉下去
从此一事无成

不总结教训
虽然不气馁，但
还会犯同样的错

总结经验教训
不断迈上新台阶

**对待挫折的三种做法**

想成功，很简单，只要善于总结经验教训就可以了。可是很多人却不懂得这个简单的道理，把失败复杂化、神圣化，这让他们历尽千辛万苦，付出更惨重的代价。因此要想改变自己，成功地转换思维，就要正确地对待挫折。

很多一开始踌躇满志的年轻人，满怀热情地去干自己喜欢的事，但遇到困难的时候就轻易地放弃了，这样容易产生破罐子破摔的心理。有些人坚持了自己的初衷，他们深信坚持就是胜利。

在前进的道路上，也许会遇到新的困难，也许别人会说你不适合做这事，也许同行的人纷纷退出。总之，能够坚持到最后非常不容易，但只有坚持才能胜利。

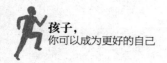
**孩子，**
你可以成为更好的自己

 永刚老师说

战胜挫折，走向成功的三个方法：

◎记住经验教训，寻找改善的方法；

◎失败是因为放弃而不是"做不到"；

◎要有坚持到底的信心。

# Chapter 11

# 学习,
# 你的主要任务

学习是你天天面对最多的事,每天家长和老师都会说到这两个字,你一定觉得很烦,那么学习真的是一件很烦的事吗?假如你真的不再学习,就一定很快乐吗?

# 1. 为什么要学习？

学习是一个漫长的过程，如果没有持续的动力，孩子很难保持学习的热情。老一辈人生活在一个物质匮乏的时代，他们希望通过学习、通过高考改变自己的命运，让自己生活得更好一些。这种动力在现在这一代人身

问自己

◎你相信良好的教育对未来至关重要吗？如果你不上学了，你准备去做什么？

上已经不存在了，我的一个学生说："我现在不缺钱，我父母就给我三套房，将来我爷爷和姥爷还会留给我两套房，我缺钱时卖掉一套就可以了。"所以，父辈的学习动力在你们身上已经不存在了，那么你们为什么还要学习呢？

我想老师一定和你们讲过龙应台的一段话："孩子，我要求你读书用功，不是因为我要你跟别人比成绩，而是因为，我希望你将来会拥有选择的权利，选择有意义、有时间的工作，而不是被迫谋生。当你的工作在你心中有意义，你就有成就感。当你的工作给你时间，不剥夺你的生活，你就有尊严。成就感和尊严，给你快乐。"

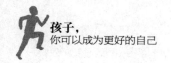

这段话可能是这个时代对"为什么要学习"这个问题最好的回答。

在这里我想给大家讲一讲阿里巴巴集团执行副主席蔡崇信的故事。

蔡崇信出生在台湾一个显赫的律师家庭，父亲蔡中曾则是台湾第一个取得耶鲁大学法学博士学位的人，还曾担任耶鲁大学的"校董"。后来蔡崇信和父亲一样取得耶鲁大学法学博士学位。父子同样出自耶鲁大学，这曾经是台湾法律界的一则佳话。

从耶鲁大学毕业后，蔡崇信先是在纽约做税务律师，三年后进入私募股权行业。1995年他开始为总部设在瑞典的银瑞达集团（AB投资公司）工作，主要负责该公司亚洲私募股本业务，年薪70万美元。

1999年5月，蔡崇信第一次见到马云。他是代表AB投资公司去看要不要投资马云的公司，结果到杭州才发现，马云连公司都没有，只有一个运行了几个月的网站。

但蔡崇信还是被马云的梦想打动了，动了加入阿里巴巴的心思。

1999年年末，蔡崇信再次来到杭州会见马云，并带上了他怀孕的妻子。从湖畔花园谈完事情后，蔡崇信和马云一起在西湖泛舟。

蔡崇信在船上突然对马云说："你要成立公司、要融资，我懂财务和法律，我可以加入公司帮你。"

马云听到后差点儿掉到湖里，他不敢相信："你再想一想。我付不起你那么高的薪水，我这里一个月只有500元人民币工资。"

蔡崇信很坚定："我已经想好了，我就是想加入创业公司，跟一批人共事。"

蔡崇信加入阿里巴巴之后做了几件大事。

首先建立了公司的制度，清晰了股权。

其次他做了四次重要的增资。

第一次增资，1999年8月。蔡崇信有位台湾好友刚好是高盛集团香港地区的投资经理，正要对中国互联网行业进行一次尝试性投资。蔡崇信敏锐地抓住了这个机会，说服这个好友投资阿里巴巴。高盛集团领衔一众机构向阿里巴巴投资500万美元，其中就包括蔡崇信的老东家AB投资公司。

第二次增资是2000年，也是难度最大的一次。阿里巴巴要增资2500万美元。蔡崇信找到了日本软银集团的孙正义。孙正义听了马云六分钟的演讲后，在完全没有对阿里巴巴进行实地考察的情况下，就决定向阿里巴巴注资2000万美元。

第三次增资是2004年2月。蔡崇信帮阿里巴巴拿到软银集团、富达投资、GGV（纪源资本）共计8200万美元的投资。

第四次是2005年8月，阿里巴巴收购雅虎中国。雅虎投入10亿美元现金和雅虎中国价值7亿美元的资产，获得阿里巴巴40%的股份。这之后，阿里巴巴不仅有充足的资源建构了"淘宝网"，也因合并雅虎中国，坐稳了今天中国第一大电子商务的宝座。

可以说，1999年蔡崇信那个冒险的决定，改变了阿里巴巴的命运，改变了马云的命运，当然，也改变了他自己的命运。

问题来了，蔡崇信当年为什么敢冒这个险，放弃70万美元的年薪，只拿500元人民币一个月的工资？这种魄力来自哪里？

你不怀疑蔡崇信家境殷实吧？你不怀疑他有才华吧？那么他冒险的魄力来自哪里？正是对自身才华的自信！假设他因为家境殷实而放弃了

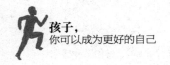

努力学习，能有他面对人生选择时的坦然吗？正是他努力学习，能够驾驭生意场上的万千风云，才带来他今天的成就。人生除了物质生活的丰富，还有精神层次的追求。

**永刚老师说**

◎面对学习中的困难，我们不能选择逃避。即使你不上学，压力也不会就此消失，只不过表现形式有所变化而已。没有学习的压力，也会有生活的压力。所以不要指望过没有任何压力的生活，你应该做的是学习如何应对压力。

◎只有学习才能让你的精神世界更丰富。学习的目的并不只是找一份好工作，而是为了充实自己的内心，更好地认识自己、提高能力、实现理想，拥有更多服务社会的机会。

◎只有学习才能让你在面对人生选择时知道正确的选项是什么。

◎只有学习才能让你更有尊严。

# 2. 如何处理游戏和学习的关系

喜欢玩儿，是孩子的天性。没有孩子只知道学习而不想玩儿的，就是每天七小时学习、一小时娱乐锻炼，其效果也会好于八小时连续不断地学习。所以孩子玩游戏也不是罪不可赦，但家长们为什么会谈及游戏就如面临大敌一般，总是想方设法阻止孩子玩游戏？找到这个症结，我们才能正确处理玩游戏和学习的关系。

首先，我们上一节已经讲了学习的重要性，大家都不否认学习是当前最重要的事情，对吧？

其次，我们绝大多数人将来都没有想以游戏作为终生职业，是吧？

如果对以上问题没有异议，我们再讨论下面的问题。

游戏本身没有问题，它和其他游乐方式是一样的，带给我们愉快的体验，能让我们放松身心，甚至学到很多知识，但它最大的缺点就是自制力差的孩子容易深陷其中不能自拔，而这才是家长们谈游戏"色变"的根本原因。

我班上曾经有一个沉迷于游戏的孩子，我问他："我看到很多人对游戏着迷，你能不能告诉我，它到底好玩儿在哪里？"

问自己

◎除了游戏，你还有什么爱好？

◎你能把学和玩儿的关系处理好吗？

孩子滔滔不绝，谈及枪战的快感、升级的喜悦、拼杀的刺激，他眼里放射着兴奋的光芒。

我又问他："你在享受这些的同时，有没有负罪感和空虚感？"

孩子沉默良久，点了点头。

我对他讲今后写完作业可以玩儿一会儿游戏，但一定要得到家长同意后才能玩儿。他说回家试试。

一个月后，家长打电话给我说，回去之后的头一个星期，孩子一心扑

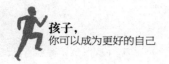

在学习上，问他要不要玩游戏放松一下，他都不理不睬的。到了第二周，有一次她回到家，竟然发现孩子关在屋里，偷偷玩游戏。她顿时怒火中烧。但想起我的劝告，她硬是面带微笑，站在孩子身后，静静看着他玩儿到通关。孩子兴高采烈地一回头，又内疚又害怕，等着她发落。

谁知她说："孩子，你已经有了很大的进步，妈妈知道你不可能一下全改掉。过去看到你玩游戏，妈妈不是打就是骂，现在感觉你的心理压力很大，是妈妈对不起你。今后咱们一起渡过难关，好吗？"

科学研究显示，好习惯的养成需要21天，同样，坏习惯的改变也需要21天。

这个故事告诉我们，培养自制力是最重要的。当我们不是被游戏控制，而是能够控制游戏时，主动权就掌握在自己的手里了。

我常常在课堂上给学生讲美国的石油大亨保罗·盖蒂的故事。

盖蒂有一次开车去度假，路经法国时天降大雨，他不得不在一个小城的旅馆过夜。吃过晚饭，他很快进入梦乡。

半夜醒来，盖蒂打开灯，伸手去抓临睡前放在桌上的烟盒。他想抽一支烟，但里面空空如也。他下了床，在衣服口袋里摸了半天，还是一无所获。这时候旅馆的餐厅、酒吧早就关门了，唯一能买到香烟的地方，就是几条街以外的火车站。

盖蒂穿好衣服，在伸手去拿雨衣的时候，他的手停住了。他不禁问自己："我在干些什么呢？再怎么着我也算一个相当成功的商人、一个有足够理智的人，竟在半夜三更离开旅馆，冒雨走过几条街，而仅仅是为了一盒烟。习惯的力量是多么强大呀！我难道要做坏习惯的奴隶？以后还抽不抽烟呢？如果连这样的小困难都不能克服，那么其他的理想还怎么实现呢？"

盖蒂下定决心，他把那个空烟盒揉成一团扔进纸篓，脱下衣服，换上睡衣回到床上，带着一种解脱甚至是一种胜利的感觉进入梦乡。自那以后，盖蒂再也没有拿过烟。他的事业越做越大，成为世界顶尖级的富翁之一。

人一旦沦为坏习惯的奴隶，他所有意志都将变得极其脆弱。坚决克服一种恶习，善莫大焉。

其实游戏就是一种娱乐形式，我们可以培养很多其他兴趣爱好，比如打球、下棋、游泳等等，让自己的业余生活更加丰富多彩，而不是仅仅局限在游戏上。我相信，每一个爱好都有其魅力所在。

 永刚老师说

◎丰富自己的业余生活，不局限于游戏。

◎培养自制力，不让游戏绑架了我们的生活，学会战胜它。

◎学和玩儿是不能偏废的，处理好它们之间的关系很重要。

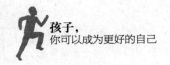
# 3. 用优势学科带动弱势学科

18世纪，有一个青年整日碌碌无为，过着流浪的日子。有一天，他来到巴黎，求父亲的朋友帮找一份工作。父亲的朋友问："你会什么？会算账吗？"

青年摇头。

"你懂法律吗？"

青年还是摇头。

"那么你的数学或者是历史、地理学得怎么样？"

那青年一直在摇头，意思是说他身上没什么长项。父亲的朋友耸耸肩，无奈地说："那你先留个联系地址再说吧。"青年不好意思地写下了地址。父亲的朋友看了看地址，忽然说道："你写得一手好字呀！你会有一份好工作的。"

青年眼睛一亮，意识到写好字也是自己的一个长处。既然能写好字，不也可以写好文章吗？从那时起，青年开始努力写文章。多年后，他写出了《基督山伯爵》。他就是法国作家大仲马。

我们经常听到"木桶效应"，即一只木桶能盛多少水，并不取决于最长的那块儿木板，而是取决于最短的那块儿木板。也可称为短板效应。所以我们学习时，老师总是强调要补短板。在这里我要强调的是，补短板固然重要，但发挥优势学科更重要。最终成功的人，都是因为他的长处，而不是补齐的短处。那些体育场上的世界冠军，可能他们的数学成绩还不如你，但这并不妨碍他们成为世界冠军。如果他们把有限的精力花费在补齐短板、学习数学上，那就成不了世界冠军。

每个人的天赋、气质、性格及环境不同，身上的特长也不同。我们要去发现自己的强项，强化它，那么这一强项一定会带给我们自信和成就感的。

我的一个学生，长得很高很帅，喜欢打篮球，但学习成绩不好。我觉得他是一个有特长的孩子，就决定和他聊一聊。

我和他说："你篮球打得怎样？"

他一听我和他聊篮球，眼睛就亮了，神采飞扬地说自己如何打球，如何带领班级在篮球比赛中拿到冠军，自豪感洋溢在他脸上。

我看他这么得意，就说："你既然能把篮球打好，篮下动作这么灵巧，神出鬼没的，这说明你智商很高呀！"

他听我这么说，得意地说："那当然了，我智商本来就不低。"

我说："你智商这么高，肯定功课也能学好。只要你学习时，也像打篮球一样用心，成绩肯定能上来。"

他非常认真地和我说："刘老师，我以后一定学出个样子来。"

后来，他学习有了很大进步。由于他在打篮球为班级争光的过程中，找到了被人尊重的感觉，找到了团队荣誉感，再加上老师的鼓励，他也就变得自律而上进了。

一个学生也许看着平平常常，但你一旦挖掘出他的特长，他就会更

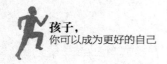

◎哪一科更容易让你找到自信？

◎你是如何处理优势学科和弱势学科关系的？

加自信，更富于进取心。

优秀，是从你的强项开始的。杰克·豪尔是美国著名行为学家，他说："成功者大都是从自己的专长开始的。"人与人之间的竞争，不是智力的比赛，也不是补齐短板的比赛，而是长板的比较，或者说各自在专长方面的能力如何。成大事者是因为在专长上充分施展了自己的优势。如果一个人能充分发挥自己的长处，那么他就容易取得成功。

 永刚老师说

◎充分发挥你的长板。长板一定是你比一般人能力更强的那个方面，更容易取得成绩。一旦在这方面取得成绩了，你就自信了。

◎自己的短板也不能忽视。在取得成绩后，你会希望自己更好，这个时候，你就可以利用长板带动短板，让自己更优秀。

◎人无完人，能发挥特长，取得成绩，培养自信，就非常成功了。

# 4. 不输在起跑线上对马拉松来讲重要吗？

"不要让孩子输在起跑线上"，这是我们从小到大最熟悉的一句话吧？在这句话的影响下，我们每个人都在努力地奔跑。从小学到中学，我们都在力争比别人超前或者多学一点儿，就是为了不输在起跑线上。

然而，赢在起跑线上就能成为人生赢家吗？

最近有一个综艺节目《极限挑战》给我留下深刻印象。节目组邀请了一些高三的孩子来参加节目。一开场，孩子们就被要求站在一条画了线的跑道上。节目组分别给孩子们提六个问题，符合问题描述的人，都可以前进到下一条线，不符合的，就继续留在原地。六个问题分别是：

（1）父母是不是都接受过大学以上的教育？

（2）父母是否为你请过一对一的家教？

（3）父母是否让你持续学习功课以外的一门课程且目前还保持一定水准？

（4）你是否有过一次出国旅行的经历？

（5）父母是否承诺过送你出国留学？

（6）父母是否一直视你为骄傲，并在亲友面前夸耀你？

随着一个又一个问题，孩子们的差距被拉大了。有的孩子每被问到一个问题，都能自信满满地往前走到下一条线，有的孩子却一直停在原地。

等六个问题全部问完，孩子们的差距已经很大了。

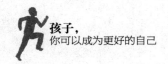

问自己

◎你觉得起跑线重要吗？为什么？

◎你心中有没有一直难以释怀的"起跑线"？

当起跑线重新划定之后，节目组让孩子们开始奔跑，他们的目标是终点尽头的体育馆。

所有人都觉得站在前面的孩子更有优势吧，但站在后面的孩子真的就没有机会了吗？事实证明，最后跑在前面的并不完全是起跑线靠前的孩子。

更有意思的是，"极限男人帮"自己的演示更深刻地说明了这个道理。黄渤、黄磊、王迅、罗志祥、孙红雷和极限智囊团的成员又玩儿了一次这个游戏。这些智囊团的成员也都各有所长，有的是亚运会冠军，有的是反恐部队的军官，有的做野外生存，他们也重复了一遍与孩子们一样的问题。

但当一个又一个问题被抛出来时，大家惊讶地发现，黄渤、黄磊、王迅、罗志祥和孙红雷这几个我们耳熟能详的大明星，他们居然都输在了起跑线上。

当所有问题全部问完后，黄渤、黄磊、王迅还站在起点。

在节目的最后，黄磊做了这样的总结："有一句话叫赢在起跑线上。凡是赢在起跑线上的，都是短跑。人生一定不是场百米赛，一定是场马拉松，世界上从来没有一场马拉松是在起跑线上赢的。"

这个节目告诉我们，人生就是一场马拉松，如果把视线放长远一点儿，就会发现仅仅拥有起跑线的优势是没有意义的。更重要的应该是坚持，谁能够一直坚持、不放弃，谁就能到达终点。相信人生可以依靠自己内在的努力而实现一次次逆袭。

　　我认识的一位教授，就是从穷山沟里走出来的。他上学时，每天要步行几个小时。父母大字不识几个，根本没有办法给他辅导功课，但是他就是依靠自己的努力，闯出了一片天地。如果说输在起跑线上就输了人生，那这位教授的经历又怎样解释呢？

　　我还有一个朋友，为了给孩子创造更好的未来，他每天省吃俭用，卖掉房子送孩子出国读书，但孩子并没有如家长所愿，学习成绩很差，没能完成学业就回国了。

　　所以，当孩子自己不努力时，起点再高也会输掉比赛。希望孩子赢在起点，并不代表孩子不会输在终点。另外，输掉人生马拉松的原因和起点无关，很多人都是因为中途放弃比赛而输的。最后的赢家不是赢在起跑线上的人，而是坚持跑完全程的人。

**永刚老师说**

　　◎人生的路很长，不要一开始就把力气用完了，没有人在马拉松赛跑中抢跑。

　　◎即使我们输在了起跑线上也没关系，路还长，只要你不放弃，一直坚持，一定会到达终点。

　　◎很多人不是输在起跑线上，而是输在中途放弃了，其中也包括那些赢在起跑线上的人。

　　◎比尔·盖茨有一句话："难道坐头等舱会比坐经济舱先到达目的地吗？"所以，不要对孩子提出过于苛刻的要求，尽力就好。站一路也是一种历练。

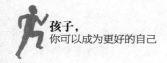
## 5. 世界上不存在差生

　　所谓"差生"，是怎样形成的？我觉得，当一个学生反复遭遇失败的打击后，便成了"差生"。而让一个"差生"变得优秀的最有效方法，就是要找到他的强项，发挥他的优势，让他反复享受成功的喜悦，"差生"就会转化为优秀生。

　　在美国乡下，有一个公认的坏男孩。有一天，男孩父亲把继母领到家。父亲告诉继母："请你注意这个全村最坏的孩子，说不定他会往你身上扔石头。"可是，继母微笑着走向男孩，托起他的下巴，注视着他，回头对男孩父亲说："你错了，他是全村最聪明、最有创造力的男孩。"听到这话，男孩几乎落下泪来。他与继母建立起了友谊。14岁那年，继母给男孩买了一部二手打字机，对男孩说："你会成为一个作家。"男孩为继母的鼓励所感动，奋发努力，后来成为一个作家和富豪。他就是卡耐基先生。

　　学习差的学生，并不代表他身上没有优点或特长。在别人眼里，他们常常是一差百差，很难有优点。所以发现自己的特长，然后让大家也发现你的优点，这是非常重要的。当你把特长发挥得淋漓尽致时，周围的喝彩声一定会鼓舞你，让你自信满满。

有个日本学生，上小学时他是班里的"差生"，学习成绩不好，无论他做什么总是半途而废。然而，面对失败，他总是反省自己，并不断改进。他说："正是因为当时的失败，才培养了我顽强的能力、独立思考的能力和创造的能力。"这个日本学生后来创办了本田公司，以生产汽车、摩托车闻名于世。他就是本田宗一郎。

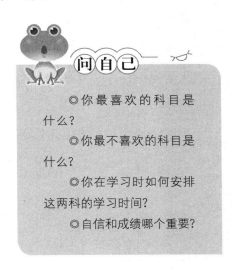

问自己

◎你最喜欢的科目是什么？

◎你最不喜欢的科目是什么？

◎你在学习时如何安排这两科的学习时间？

◎自信和成绩哪个重要？

"我本英雄"种子营有一个学生。她原来在江西上学，学习一直很好，课余生活也很丰富，音乐、舞蹈都很不错，年年获评"三好学生"，后来因为父母工作变动，转学到北京。但由于两地教学的差异，她的成绩在第一次学校统考中就排在年级最后了，她一下就变成了"差生"。这个阴影她一直走不出来，情绪低落。课后我找到她，和她聊起来。

她把她的这段经历告诉了我，我就和她说："你原来学习很好，说明你是有这个能力的，现在是因为环境变了，你又在重点高中，周围高手如云，一时不能适应是正常的。你现在不是缺乏学习能力，而是缺乏自信。和优秀的孩子在一起，你应该觉得是好事，知道差距你才有努力的动力。你说对不对？"

她说："刘老师，您说得对，成绩差一直困扰我，现在我知道该怎么做了。我先从英语上突破，每天听写50个单词。"

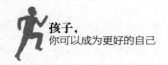

等学期末时，她给我打了一个电话。由于她英语进步很大，英语老师对她已经刮目相看了，她的期末成绩也进入了年级前100名，下学期她要再把数学成绩提高一些。

我遇到很多孩子，都是和自己的弱势学科死磕，越学越没自信，以致最后把优势学科的成绩也拉低了，因为根本没时间学习优势学科。这样的孩子，我一般都是鼓励他们，先保证优势学科的成绩不降低，把自己的优势保持住，在此基础上再去补习弱势学科。一个孩子的自信比成绩更重要。

所谓"差生"，是因为反复遭受失败形成的，"优秀生"是反复体验成功形成的。这两者转化的根本，就在于找到自己的优势并充分展示出来。

还有的同学问我："为什么我很刻苦，成绩却不好？"面对学习中的困难，我们要注意三个误区：

一是简单重复。在低层次上重复，不断重复做简单的题。

二是习惯性失败。好高骛远，懒得总结教训；脸皮薄，不好意思向别人请教；迷信失败是成功之母。简单地重复失败是永远走不出失败怪圈的，虽花了很多时间，但不见效果。

三是狗熊掰棒子。很多人做一堆题，相互关系没有搞清楚，学到的都是零散的知识点，换一道题就不会做了。

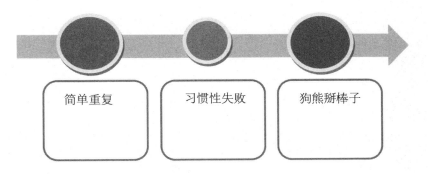

学习中的三个误区

所以，学习中出现问题后，要善于总结，有时就是方法出了问题。

 永刚老师说

◎ "差生"和"优秀生"之别，从来都不是天生的，而是家长和老师造就的，是阶段性的现象。

◎ 不要总是纠结于弱势学科，越在意越自卑，发现自己的优势，才是摆脱"差生"身份的撒手锏。

◎ 发现问题，总结经验，找到方法。

# Chapter 12

# 如何处理
# 你与周围的关系

你是不是觉得父母太唠叨、老师太严格、同学难相处，后悔自己做错了事。这些几乎天天发生，让你经常感到烦恼。如何处理周围这些事，让自己快乐起来？

# 1. 父母，为什么爱我却总和我作对

其实孩子都知道父母是爱自己的，但相处时却总是矛盾重重，所谓的代沟就是总想不到一块儿去。

我想每个家庭都会有这样的对话。

妈妈说："你该写作业了。"

孩子说："过一会儿写，我先看会儿动漫。"

妈妈说："不行，先写作业再干别的事。"

孩子说："您别在我房间待着。"

妈妈说："这是我家。"

这些对话，大家肯定都熟悉吧？为什么你和父母总是不在一个"频道"上呢？

你明明说的是："你们根本没理解我说的是什么意思。"父母却认为你说的是："我懂的比你们多多了。"

你和父母站的角度不同，看问题的角度不同，必然结果也不同。所以，要想解决这个问题，就要站在对方的角度看问题，这样就能互相理解了。

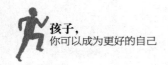

问自己

◎你和父母近期最大的冲突是什么？

◎你觉得自己怎样做才能避免这个冲突？

我们很烦父母总是拿自己和别人比，其实父母是希望给你树立一个榜样，希望你赶上他，但实际上却伤害了你的自信心，这也是父母和你的立场不同造成的。下次再发生这样的事，你可以告诉父母，每个人都有长处，不能拿别人的长处和自己的短处相比，你也有比别人强的地方。

我们总是希望这次达到父母的要求了，父母肯定会表扬自己，可父母却提出了更高的要求。这同样是父母和你的立场不同。父母总希望你越来越好，每次考试都有进步，而没考虑到你的感受。你可以主动把自己每次的进步说出来，同时表示自己下次会更好，这样你和父母就能达成一致了。

改变这一切的根本就是站在对方的角度考虑问题，努力理解父母的需要、父母的想法。在这一点上，我们先去理解父母，然后你就发现，父母也会理解你了。

比如还是刚才关于写作业的话，如果你先理解父母，你就知道父母希望你早点写完作业，然后可以早些休息。你可以和父母说，你在学校已经把大部分作业做完了，现在累了，想休息一会儿，然后再做作业效率会高一些，保证睡前把作业做完。当你说完，估计妈妈就会理解你了，你们之间就不会产生矛盾了。

我们首先让父母放心，他们就不会唠叨。如果父母总唠叨，一定是你有什么地方让父母不放心，找到那个点，然后把它化解掉。如果你感觉自己解决有困难，就寻求父母的帮助，相信你和父母共同努力，什么困难都能解决。在你们共同面对同一个困难时，父母就是你的"战友"，他们自然不会唠叨，而是和你共同解决问题。

如果你和父母不可避免地发生了冲突，保持冷静，自己尝试先理解父母，等平静后再和父母谈你对这件事的想法。

我们和父母是彼此相爱的、不可分割的亲情关系，产生矛盾也是正常的，我们要学会处理这些问题，而不是逃避问题或加剧矛盾。随着我们不断成熟，父母逐渐老去，我们之间自然而然就会互相理解了。

**永刚老师说**

◎ 相信父母是最爱你的人。

◎ 当和父母产生冲突时，先让自己冷静下来。

◎ 先让父母放心，才能避免父母唠叨。

# 2. 老师，生命中不可或缺的指路人

有一部很有名的电影《放牛班的春天》，讲的是法国一个小镇上，有一个制度严格的学校，而学生们并没有因为管理严格就变乖，反而更加顽皮。这一切因为马修老师的到来改变了。马修老师用爱心和音乐改变了这些孩子，让孩子看到了春天。这部影片展现出教师在孩子成长中

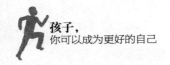

的重要性，要爱孩子，发现孩子的优点，鼓励孩子，改变孩子。

我们在学校总觉得老师管得太严、留的作业太多，总想办法怎么对付老师。当你离开校园、没人再管时，你会怀念校园生活吗？

**问自己**

◎对你帮助最大的老师是哪一位？

◎他对你的影响是什么？

我有一次和朋友吃饭，饭桌上有一个20世纪80年代的大学生，他讲起自己的老师，充满了感激之情。他当年在山村上学时，也是什么都不懂的孩子，哪里知道学习的重要性，更不知道上大学意味着什么，能玩儿就玩儿。班主任却管束严厉，逼着孩子学习，最后班里很多孩子考上了大学，走出了大山，在城市安家就业了。在班主任70岁生日时，他们从全国各地赶到家乡给老师祝寿，其中包含着大家对老师深厚的感激之情。老师毕竟比孩子们更懂得学习的重要性，如果当年没有老师的帮助和督促，他们这些不懂事的孩子根本不会有今天的成就。所以老师不仅仅是教授知识，更是你人生路上的指路人。

诺贝尔奖获得者李政道，他当年读书时选择了物理专业，就是受到老师束星北的影响。李政道原来学的是机电专业，后来束星北发现他有物理天赋，就说服他放弃原来的专业，转学物理专业，结果造就了一个世界知名物理学家。李政道后来也说起这件事，感慨自己当时仅16岁，根本分不清工科和理科，因为受束星北的影响，才发现自己在物理方面的天分。

通过这些例子，我们不得不承认，老师对我们的人生具有指引作用，因为老师的见识远远高于我们，他们能看到我们看不到的地方，所以他们在教授知识的同时，可以发现我们的特长，引导我们走上更适合自己发展的道路。所以，老师不仅仅是我们熟知的"春蚕到死丝方尽，蜡炬成灰泪始干"，他们更是我们人生的指路人。

永刚老师说

◎老师是连接过去与未来的枢纽，对人类文化成果的继承和发展起着桥梁和纽带的作用。老师通过对人类丰富文化遗产的整理、采撷，使之系统化，然后有效地传授给学生，使学生在较短的时间内掌握人类经过亿万年的历史总结出来的知识经验，让学生能够更快更好地适应社会生活，承接起发展的任务，延续社会的文明进程。

# 3. 同学，面对校园欺凌说"NO"

在小学常见的一种现象是"校园欺凌"，一般欺凌别人的孩子有三个特点：

一是家庭条件好，在家颐指气使，有问题拿钱来解决。他们的父母对他们疏于管教，只会一味拿钱给他，这样只会让孩子觉得学习根本不重要，反正家里有的是钱。这样的孩子往往在学校还有几个跟随者，慢慢地就形成了一个小团伙，专门以欺负别人为乐。

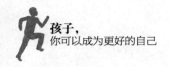

二是因为家庭条件一般，但是父母比较暴躁，孩子耳濡目染，也有暴力倾向，在学校里看谁不顺眼就打上一架，慢慢地也会形成自己的小团伙。这样的孩子不爱学习，经常吊儿郎当混日子，长大后成为无业青年甚至小混混。

三是从众心理，虽不是始作俑者，但他是帮凶。他觉得反正不是我出头，开个过分的玩笑也没什么，于是也就顺手在旁边推推搡搡或者说一些侮辱的话语。殊不知，这样会给那个孩子带来更多的伤害，无论身体上还是精神上。

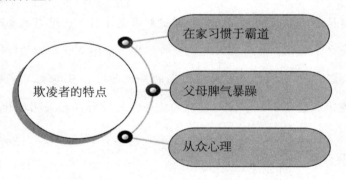

欺凌者的特点

父母在这方面做得不好的原因，一是自身性格暴躁，经常在家里打骂孩子，也没有耐心和孩子沟通。听孩子讲学校有趣的事或者不开心的事时，即使孩子受了委屈也会说："哭什么，有什么好哭的，赶快写作业吧！"孩子在学校被人欺负了，只能敢怒不敢言。

一是自身性格比较软弱，即使知道孩子被人欺负，也不敢为孩子伸张正义，只能告诉孩子，"忍忍吧，马上就要毕业了，以后不跟他玩儿不就行了"。这让孩子很茫然：父母都不敢为自己出头，还能指望谁？

在学校受到欺凌的孩子大多比较内向、没有自信，父母很忙，家庭条件不好等。这些孩子应该如何应对呢？

周恩来曾在东北上过三年小学，刚到东北，他就感觉到东北的孩子体格健壮，身材高大，和自己文弱的体质形成鲜明的对照。当地的一些大个子同学欺侮他不是本地人，叫他"小蛮子"，经常打他。

刚到一个新的环境就遇上了这么多难题，怎么办？

性格坚强的周恩来，相信环境是可以适应、可以改造的，决心鼓足勇气，打开一个新的局面，而不是被困难所吓倒。他以顽强的毅力进行各方面的锻炼。

冬季的清晨，寒风吹在脸上像刀割一样。同学们经常在学校附近的小河边，看到周恩来迎风跑步的身影。

为了对付那些恃强凌弱的学生，周恩来想了一个办法——交朋友。原来他发现被欺负的不止他一个，还有很多弱小的同学也受这伙人的欺负。于是他就和受欺负的同学交朋友，联合起来对付不讲理的同学。这样，那些大个子同学果然再也不敢随便欺负人了。

面对校园欺凌，包括女孩受到性骚扰，我们必须采取零容忍态度，在被侵犯的第一时间，坚定而明确地表明自己的态度和立场，让欺凌者感到"哎，这人不好惹啊，我还是算了吧"。如果采取容忍态度，这种欺凌将持续存在，会对我们的身心造成严重的伤害。所以，若不想让自己处于被动挨打的地位，唯有让自己强大起来。但我不鼓励一开始就动用武力解决问题，原因很简单，打回去这一招会阻碍你的情商和社会能

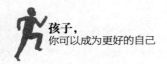

力的发展。

所以要靠智慧和沟通解决矛盾，武力只能给双方造成伤害，这不是双赢的结果。

我的课堂上就曾经有过一个10岁的小男孩，性格内向，独来独往，郁郁寡欢。我找他谈话，才了解到他不爱去学校，因为同学们总欺负他，他很痛苦，不知如何解决这个问题。

问自己

◎你或你身边的同学是如何应对校园欺凌的?

我和他说："你一定要变得坚强，不然的话就会一直被欺负。"

他点点头。

我问他说："你在学校有好朋友吗?"

他摇摇头。

我继续和他说："你想想，一个好汉还要三个帮，你自己如何面对别人的欺负呢? 所以你要多交朋友。另外，你年龄还小，要寻求老师和家长的帮助，不要自己忍着。"

在课堂上，我有意地鼓励他，让他逐渐自信乐观起来，告诉他，环境不能改变时，就必须改变自己，首先自己要积极乐观地面对环境，这样，环境就回馈给你美好。

**永刚老师说**

◎一定要有好朋友。在学校一定要融入集体生活，不能独来独往。可以多培养自己的爱好，通过爱好找到好朋友，或者主动帮助别人，换来对方的友谊。

◎遇到欺凌或性骚扰，年龄小的孩子要积极寻求老师和家长的帮助。

◎年龄大的同学要学会用沟通的方式解决问题，不要轻易使用武力。

◎不要去别人家或其他私密场所，要在公共场所活动，减少遭遇欺凌和性骚扰的机会。

◎积极锻炼身体，让自己强大起来，自身的强大是对付欺凌的基础。

# 4. 与自己和解就是与世界和解

我们每个人内心都有对自己不满的某个点：或是因出身贫寒而感觉自己输在起跑线上了；或是感觉自己长得不好看而不能引起别人的喜欢；或是心灵受到伤害而不能自拔；或是自己成绩不好而感觉各方给自己的压力太大。正确看待自己，跟自己的缺点和解，我们才能变得更加宽容，其实这也是我们人生快乐的开始。

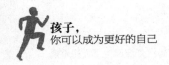

我们可以拿出两张纸，在一张纸上写下自己的优点，另一张纸上写下自己的缺点。要认识到每个人都有优点和缺点，学会接纳一个完整的自己，没必要揪住自己的缺点不放，走进自卑的死胡同。

问自己

◎你自己身上不能原谅的缺点是什么？

◎为什么不能原谅？

◎假设地球明天就毁灭了，你最想做的事是什么？

我曾看过一个新闻，一个少年天才，二十出头就当了公司总裁，曾经红极一时，上电视、做演讲，风光无限。他就是家长眼中的"别人家的孩子"。

可是人生不会是一帆风顺的，必然会有挫折。

他的公司没有抵挡住世界金融风暴，连年亏损，后来他几次再创业都失败了。他不能接受这个事实，选择结束生命。因为他从小太优秀了，无法接受平凡，也因为他面前的路太顺利了，没有接受挫折的心理准备。其实他还很年轻，完全有机会东山再起，但他放弃了，他没办法与自己和解，不能原谅自己的失败。

看到这个故事，我们是不是觉得与自己和解很重要。

杨绛在她的《一百岁感言》中写道："世界是自己的，与他人毫无关系。"生活中我们常常太在意别人的评价，比如成绩排名、老师的评语、同学的眼光等，这些可能都会影响我们的心情，其实，我们最应该遵从自己的内心。

有一部电影《无问西东》，情节并不复杂，讲述了四个不同时代却同样出自清华大学的年轻人，在时代变革中经历内心挣扎，最终遵从本心的故事。

吴岭澜，他按照"最优秀的人都学理科"的原则，选择学习理科，但他物理总是不及格，而文科却是满分，当时的清华校长梅贻琦告诉他："人把自己置身于忙碌之中，有一种麻木的踏实，但丧失了真实，你的青春也不过只有这些日子"，"什么是真实？你看到什么，听到什么，做到什么，和谁在一起，如果有一种从心灵深处满溢出来的、不懊悔也不羞耻的平和和喜悦，那就是真实"。最后他放弃对于世俗意见的执着，选择与真正的自己和解，学自己更擅长的文科。

想想我们现在，孩子们选择专业时，并不是真的出于对专业及自身的了解，往往是大家认为什么专业好找工作、什么专业挣钱多，大家就选择什么专业，缺乏长期的职业规划，也没有思考自己要成为什么样的人，将来更大的困惑是如何在世界上找到自己的位置。

吴岭澜很长一段时间都在想人生之路该如何走，他对自己想这个问题有羞耻感。影片结束时，有一段独白：

"当我在你们这个年纪，有段时间，我远离人群，独自思索，我的人生到底应该怎样度过？某日，我偶然去图书馆，听到泰戈尔的演讲，而陪同在泰戈尔身边的人，是当时最卓越的一群人（即梁思成、林徽因、梁启超、梅贻琦、王国维、徐志摩）。这些人站在那里，自信而笃定，那种从容让我十分羡慕。而泰戈尔，正在讲'对自己的真实'有多么重要，那一刻，我从思索生命意义的羞耻感中释放出来。原来这些卓越的人物，也认为花时间思考这些、谈论这些是重要的。今天，我把泰戈尔的诗介绍给你们，希望你们在今后的岁月里，不要放弃对生命的思索、对自己的真实。"

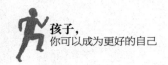

现在的学生心情会随分数而起伏波动，其实分数和整个人生的快乐相比，不是最重要的。每个人都应该跳出目前困扰自己的小情绪，往往这些小情绪被我们的见识和年龄放大了，觉得是过不去的心理上的坎儿，其实这些在整个人生中都不算什么。关注一些宏大的人生命题，学会与自己和解，不纠结在小事中，才能享受幸福人生。

 **永刚老师说**

◎与自己和解，最重要的就是接纳自己，接纳自己的全部优点和缺点。

◎弄清楚自己和自己过不去的原因。

◎找到原谅自己、接纳自己的理由。

◎重新认识自己。